Enz/Hastings
Innovative Wandkonstruktionen
Für Minergie-P und Passivhäuser

Dank

Die Autoren danken allen, die sie bei der Bearbeitung des Manuskriptes mit Unterlagen und Abbildungen unterstützt haben. Insbesondere sind dies die einzelnen Produkthersteller. Sie haben mit ihrem Fachwissen einen grossen Beitrag geleistet und einige Zeichnungen und Fotos eigens für dieses Buch angefertigt.

Ein spezieller Dank gilt Michael Bruttel, der im Vorfeld viele Informationen zu den einzelnen Bausystemen zusammengetragen und erste Kontakte mit den Herstellern geknüpft hat.

Bosco Büeler danken wir herzlich für die baubiologischen und bauökologischen Berechnungen der Konstruktionen.

Die Hauptunterstützung ist dem Schweizerischen Bundesamt für Energie BFE zu verdanken, ohne diese das vorliegende Buch nicht zustande gekommen wäre.

BFE
OFEN
UFE
SFOE

Enz/Hastings

Innovative Wandkonstruktionen

Für Minergie-P und Passivhäuser

 C.F. Müller Verlag, Heidelberg

ISBN 13:   978-3-7880-7791-4
ISBN 10:   3-7880-7791-3

© 2006 C. F. Müller Verlag, Hüthig GmbH & Co. KG, Heidelberg
Printed in Germany
Titelbild: Steko Holz-Bausysteme AG, CH-8592 Uttwil
Druck: J. P. Himmer GmbH & Co. KG, Augsburg
Text und Layout: Daniela Enz, AEU GmbH
Fachliche Begleitung: Robert Hastings, AEU GmbH, CH-8304 Wallisellen

Architektur
Energie &
Umwelt GmbH

Inhalt

Vorwort

Minergie-P- und Passivhaus-Standard stellen erhöhte Anforderungen an die Gebäudehülle. Im Gegensatz zu konventionellen Konstruktionen mit einem U-Wert von rund 0.30 W/(m²·K) erfordern solche Häuser U-Werte von maximal 0.15 W/(m²·K).

Eine Vielzahl von Wandsystemen, die speziell für Häuser mit niedrigstem Energieverbrauch entwickelt wurden, ist bereits heute auf dem Markt erhältlich. Dank rationeller Konstruktionen können die Wände trotz hervorragender Dämmwirkung schlank gehalten werden, besondere Vorteile bezüglich Bauökologie aufweisen, die anfallende Solarstrahlung effizient nutzen oder schnelle, effektive Bauabläufe mit entsprechenden Kostenvorteilen ermöglichen.

Die untersuchten innovativen Wandkonstruktionen zeigen zwei deutliche Trends:

1. Vermehrte Vorfabrikation der Wandelemente
2. Holz als beliebtes Konstruktionsmaterial

Es entstehen ökologisch vorteilhafte Konstruktionen, die dank rationeller Vorfabrikation kostengünstiger werden, einen präzisen und schnellen Bauablauf ermöglichen und eine hohe Bauqualität aufweisen.

Wallisellen, im Juni 2006   *Daniela Enz und Robert Hastings*

Innovative Wandkonstruktionen

Einleitung

Das vorliegende Buch zeigt eine Auswahl von innovativen Wandkonstruktionen in Leicht- und Massivbauweise, die sich für Häuser im Minergie-P- oder Passivhaus-Standard eignen. Die systematische Beschreibung ermöglicht einen Quervergleich der einzelnen Lösungen bezüglich Energie, Ökologie, Wirtschaftlichkeit und bauphysikalischer Eigenschaften. Bei der Darstellung der Wandaufbauten sind jeweils ein bis zwei Varianten vorgestellt. Weitere Variationen können mit den Systemherstellern abgesprochen werden. Am Ende jedes Kapitels weist eine Kontaktinfobox auf entsprechende Ansprechpartner hin. Folgende Wandkonstruktionen sind im Buch beschrieben:

- Holzmodul-Stecksystem
- Raumfachwerk
- Strohballen
- Solarpufferwand
- Massivholz
- Hartschaumschalung
- Blähtonstein
- VIP-Modulbauteile
- Massivspeicherwand mit TWD

Vergleichsbasis

Um einen Vergleich der einzelnen Wandkonstruktionen zu ermöglichen, wurde als gemeinsamer Nenner ein U-Wert von 0.15 W/(m²·K) festgelegt, den alle Wandaufbauten erreichen sollen.

Wenige Ausnahmen weichen von diesem U-Wert ab. Dies ist zum Beispiel bei der Solarpufferwand und der TWD-Wand der Fall. Aufgrund der Nutzung passiver Solargewinne weisen diese Wandkonstruktionen eine andere Funktionsweise auf als die anderen vorgestellten Systeme. Demzufolge ist nicht der statische, sondern der effektive U-Wert von Bedeutung, was in den entsprechenden Kapiteln erläutert wird. Eine weitere Ausnahme stellt die lasttragende Strohballenbauweise dar, die aus statischen Gründen einen dickeren Wandaufbau bedingt und dementsprechend einen tieferen U-Wert als 0.15 W/(m²·K) erzielt.

In einer Übersichtstabelle (S. 14, 15) werden Schlüsselwerte dieser innovativen Wandsysteme verglichen. Als Referenz dienen zwei Standardkonstruktionen:

- Kompaktfassade aus Backstein mit Polystyrol-Aussendämmung, innen und aussen verputzt.
- Holzständerbau mit Mineralwolle gedämmt, Winddichtungen aus Polypropylen, innen Gipskartonplatten, aussen hinterlüftete Holzfassade.

Schlanke Wandaufbauten

Die im Buch vorgestellten Wandkonstruktionen haben, abgesehen von zwei Ausnahmen, eine Wandstärke zwischen 22 und 43.5 cm. Besonders erwähnenswert sind Konstruktionen

mit Vakuum-Isolations-Paneelen (VIP) sowie die Solarpufferwand, die lediglich 24 bzw. 22 cm dick sind. Die Wandstärken der Referenzkonstruktionen betragen 34.3 cm (Holzständerkonstruktion) und 43 cm (Kompaktfassade).

Bei den hier vorgestellten fünfzehn Varianten von Wandaufbauten beeinflusst die Bauweise (Leicht- oder Massivbauweise) die Wandstärke erstaunlich wenig. Entscheidender ist die Möglichkeit einer Kompaktbauweise gegenüber hinterlüfteten Systemen. Die Systeme mit den grössten Wandstärken sind die Strohballenkonstruktionen, die Massivspeicherwand mit TWD sowie die massive Referenzwand. Die Raumfachwerkkonstruktion wurde bereits weiterentwickelt und positioniert sich neu mit einer Wandstärke von 30 cm unter den schlanksten Wandaufbauten.

Wirtschaftlichkeit

Häuser mit niedrigstem Energieverbrauch sind aufgrund der sehr hohen Bauqualität gegenüber gewöhnlichen Häusern meist mit höheren Investitionskosten verbunden. Die hoch gedämmten und luftdichten Wandaufbauten sind unter anderem ein Grund für Mehrkosten. Bei unseren Wandbeispielen zeichnet sich bezüglich der Baukosten eine grosse Spannweite ab. Ein klarer Vergleich ist schwierig, da die effektiven Kosten einer Wandkonstruktion von vielen Faktoren abhängen. Dennoch sind einige Tendenzen erkennbar.

Bei den Extremfällen sind Materialkosten für den Preis ausschlaggebend. Während bei den Strohballenkonstruktionen das Rohmaterial sehr kostengünstig ist, schlagen bei den

technisch hoch entwickelten Konstruktionen die Glasabdeckungen, die Transparente Wärmedämmung (TWD) oder die Vakuum-Isolations-Paneele (VIP) bedeutend zu Buche. Die Solarpufferwand sowie die Konstruktion mit VIP-Modulbauteilen gehören zu den teuersten Wandsystemen in diesem Fachbuch. Beide Systeme zeichnen sich jedoch durch äusserst schlanke Wandaufbauten aus. Das heisst, wenn wenig Platz vorhanden ist – sei es aus baurechtlichen Gründen oder bei Sanierungen – bieten diese Systeme Lösungen, die mit dickeren Wandaufbauten unter Umständen gar nicht möglich wären. Zudem kann die Nutzfläche eines Gebäudes dank schlanken Wänden wesentlich erhöht werden, was insbesondere bei hohen Bodenpreisen von Bedeutung sein kann.

Bauprozess

Wandkonstruktionen wie die Massivholzwand, die Solarpufferwand in Leichtbauweise und die VIP-Modulbauteile kommen als vorgefertigte Elemente auf die Baustelle und werden in kürzester Zeit montiert. Auch die Referenzwand in Holzständerbauweise lässt sich vorfertigen. Andere Systeme eignen sich für den relativ schnellen Aufbau vor Ort, bei dem sich auch die Bauherrschaft beteiligen kann. So zum Beispiel das Holzmodul-Stecksystem und das

Hartschaumschalungs-System. Etwas zeitaufwändigere Systeme, die ebenfalls die Mithilfe der Bauherrschaft bei der Errichtung des Gebäudes erlauben, sind die Strohballen- und die Raumfachwerk-Konstruktion. Durch die mögliche Eigenleistung der Bauherrschaft können hier wesentliche Kosten gespart werden.

Bauökologie

Die Primärenergieinhalte PEI (Herstellung und Erneuerung) sowie die CO_2- und SO_2-Emissionen aller präsentierten Wandsysteme und deren Varianten wurden mit der BauBioDataBank der gibbeco* abgeschätzt. Dieses Verfahren ist im Anhang beschrieben.

Bei der PEI-Bewertung ist es wichtig, zwischen erneuerbaren und nicht erneuerbaren Energiequellen zu unterscheiden. Die Referenz-Holzständerkonstruktion weist zum Beispiel ein leicht höheres PEI-Total auf als die massive Referenzkonstruktion. Dies ist vorwiegend auf die energieintensive Holztrocknung zurückzuführen, welche jedoch üblicherweise mittels erneuerbarer Energie – Verbrennung von Abfallholz – durchgeführt wird. Für die Herstellung von Backsteinen werden Temperaturen über 1200 °C benötigt, was fast ausschliesslich mittels nicht-erneuerbarer Energie erzeugt wird. Die VIP-Modulbauteil-Konstruktion mit PCM erreicht aufgrund des verleimten Kreuzlagen-

---

* Siehe S. 142

holzes sowie der Herstellung des PCM und der Vakuumplatte die höchsten PEI-Werte. Diese Konstruktion bietet jedoch eine hohe Speichermasse und sehr gute Dämmwerte bei einer extrem geringen Wandstärke. Die hohen PEI-Werte der Massivspeicherwand mit TWD und Solarpufferwand stammen vom verwendeten Glas und Aluminium. Alle Ökobilanzen von Aluminium wurden mit Neu-Aluminium berechnet. Gemäss Auskunft von Herstellern liegt der Einsatz von Alt-Aluminium bei max. 15 %, was die PEI-Werte nur geringfügig senken würde.

Bezüglich der CO_2- und SO_2-Emissionen präsentieren sich die Strohballen- und Raumfachwerkkonstruktion (neue Version) am vorteilhaftesten,

wobei die Differenz zu den nächst besten Konstruktionen eher gering ist. Die Leichtbaukonstruktionen schneiden hier deutlich besser ab als die Massivbaukonstruktionen.

Die Kennwerte der einzelnen Wandkonstruktionen sind auf der nachfolgenden Doppelseite in einer Tabelle aufgeführt. Für die individuelle Auswahl des geeigneten Systems sind jedoch neben den Zahlenwerten auch weitere Aspekte ausschlaggebend, seien es Materialvorlieben, der Wunsch nach der Mithilfe beim Bau oder der architektonische Ausdruck der Fassade. Die Ausführungen in den einzelnen Kapiteln geben hierzu nähere Auskunft.

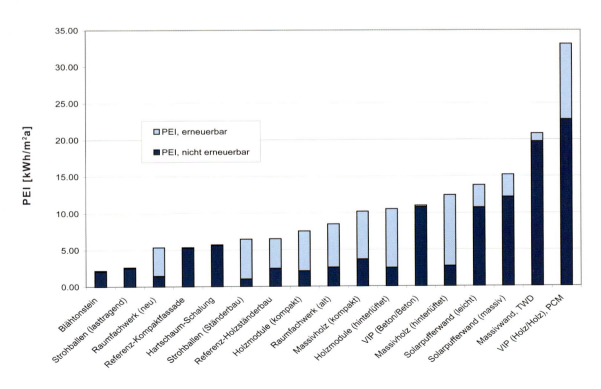

	Referenzkonstruktionen		**Holzmodul-Stecksystem**		**Raumfachwerk**		**Strohballen**	

	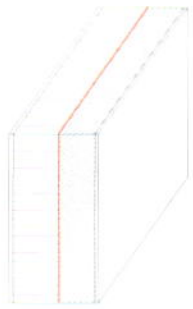	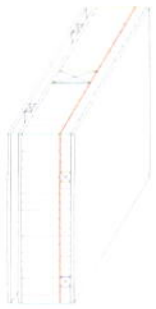	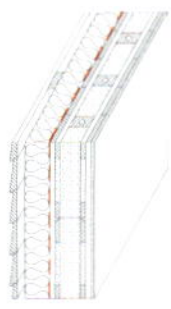		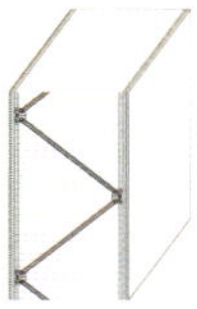	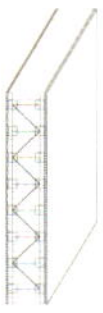		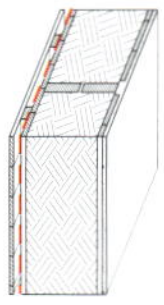
	Kompakt-fassade	Holzstän-derbau	hinterlüftet	kompakt	alt	neu	lasttragend	Ständerbau
Wandstärke								
[mm]	430	343	365	320	717	300	545	428
U-Wert $_{(statisch)}$								
[W/(m²·K)]	0.15	0.15	0.15	0.15	0.06	0.15	0.09	0.15
U-Wert $_{(effektiv)}$								
[W/(m²·K)]	–	–	–	–	–	–	–	–
λ-Wert $_{(Grundelement)}$								
[W/(m·K)]	0.035	0.04	0.073	0.073	0.045	0.046	0.045	0.045
Masse								
[kg/m²]	277	66	81	90	94	48	118	96
Schalldämmwert R_w								
[dB]	55	40 – 45	31 – 48		–		43 – 55	
*PEI * erneuerbar*								
[kWh/m²a]	0.10	4.03	8.01	5.44	5.90	3.90	0.09	5.43
*PEI * nicht erneuerbar*								
[kWh/m²a]	5.26	2.48	2.54	2.11	2.60	1.45	2.54	1.04
*PEI * total*								
[kWh/m²a]	5.36	6.51	10.55	7.56	8.51	5.35	2.62	6.46
*Umweltwirkung **								
[gCO_2eq/m²a]	1147	653	630	586	597	341	413	300
*Umweltwirkung **								
[gSO_2eq/m²a]	5.19	3.19	3.44	2.78	3.65	2.06	2.3	1.72
Kosten								
[€/m²]	210	230	150 – 250		200 – 240	140 – 180	100 – 130	150

* Primärenergieinhalt PEI und Umweltwirkung berücksichtigen Herstellung + Erneuerung. Diese Berechnungen wurden von Bosco Büeler mit der BauBioDataBank der gibbeco durchgeführt (siehe Anhang S. 142). Alle anderen Zahlenwerte stammen von den Herstellern.

Solarpufferwand		Massivholz		Hartschaum	Blähtonstein	VIP-Modulbauteile		TWD
leicht	massiv	hinterlüftet	kompakt	–	–	Holz PCM	Beton	–
220	346	355	310	365	410	237	320	435
0.26 – 0.33	0.22 – 0.28	0.15	0.15	0.15	0.15	0.15	0.15	0.6
0.04 – 0.12	0.04 – 0.11	–	–	–	–	–	–	< 0.00
0.05	0.05	0.13	0.13	0.032	0.01	0.004	0.004	0.1
80	211	99	88	346	199	96	710	518
42 – 43	52 – 54	48 – 61		53	46	36	57	56
3.03	3.02	9.67	6.53	0.08	0.11	10.33	0.19	1.10
10.74	12.17	2.76	3.69	5.64	2.08	22.74	10.83	19.73
13.77	15.19	12.43	10.22	5.72	2.19	33.06	11.02	20.83
1596	2082	646	828	980	696	2195	2294	2849
12.04	13.58	3.27	4.1	5.8	2.62	17.45	12.15	20.32
250 – 400		210 – 240		185	170	ab 270		200 – 750

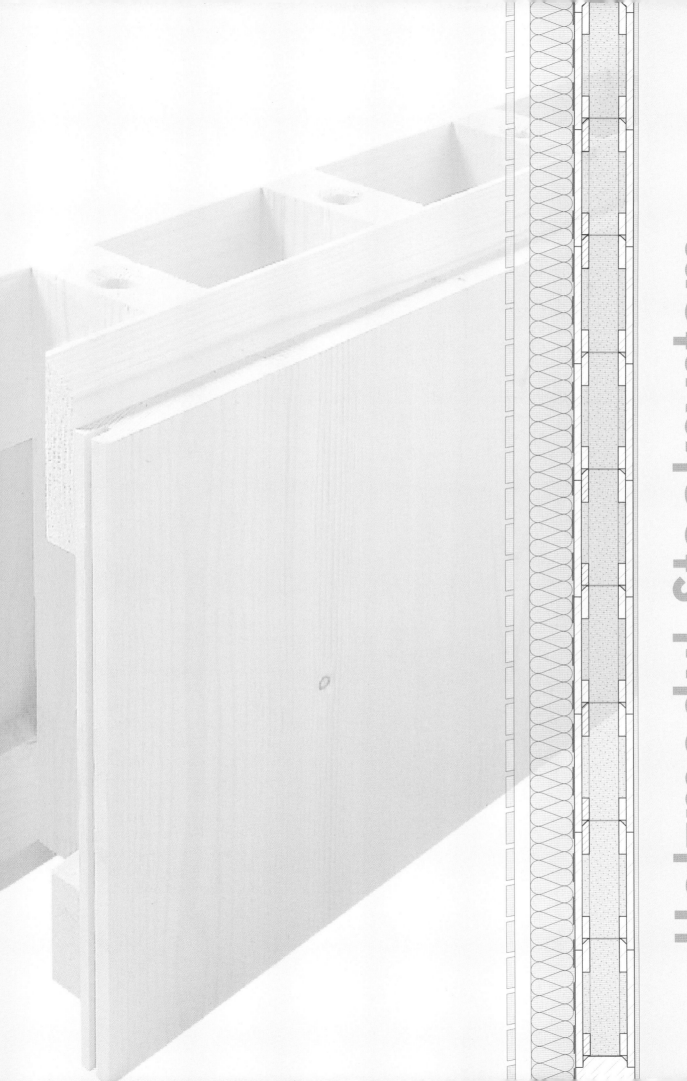

Holzmodul-Stecksystem

Holzmodul-Stecksystem

Das Holzmodul-Stecksystem bietet eine Vielfalt von Vorteilen. Bestehend aus massivem Holz, bildet es eine sehr stabile Tragstruktur, kann mit einer schlanken Wandstärke sehr gute Dämmwerte erreichen, hat eine kurze Montagezeit und ist kostengünstig. Als Beispiel wird hier „Steko" vorgestellt. Wissenschaftler aus Lehre und Forschung sowie erfahrene Baufachleute haben dieses Holzbausystem entwickelt und 1996 zum ersten Mal an einem Pilotprojekt erfolgreich eingesetzt. Bis heute sind mehr als 600 Objekte mit diesem System erstellt worden.

Systembeschrieb

Das hier vorgestellte Baukastensystem besteht aus standardisierten, industriell gefertigten Holzmodulen, dessen Grundelemente aus massivem Holz bestehen. Die handlichen Module lassen sich dank einem speziellen Steckverbund einfach zusammenstecken, wodurch tragende Aussen- und Innenwände entstehen. Die aufeinander abgestimmten Bauteile bestehend aus Schwelle, Module, Einbinder und Öffnungsabschlüsse ergeben ein einfaches, in sich abgestimmtes Bausystem.

Der Modulaufbau und der neuartige Steckverbund erlauben die Integration der Leitungen der Haustechnik direkt im System. Die Wände werden nachträglich mit Zellulose gedämmt. Mit einer zusätzlichen Aussendämmung von rund 14 cm erreicht dieses Wandsystem bereits den für ein Passivhaus nötigen Wärmeschutz.

Anwendungsbereich

Das Holzmodul-Stecksystem eignet sich vor allem für Ein- und Mehrfamilienhausbauten mit einem hohen Anspruch an Energieeffizienz. Mehrgeschossige Bauten sind bis zu sechs Stockwerken möglich.

Das System kann auch für Industrie-, Gewerbe- und Kommunalbauten, in der Landwirtschaft, bei Erweiterungen, Renovierungen sowie bei temporären Bauten und bei Ausfachungen von Skelettbauten eingesetzt werden. Die Aussen- und Innenwände dienen je nach Ausbildung als Wärmeschutz, Schallschutz oder räumliche Trennung.

Vorteile

Durch die industrielle Vorfertigung der Module und Zusatzteile erfolgt eine präzise und schnelle Montage, was Zeit und Kosten spart. Die kleine Anzahl der zur Auswahl stehenden Konstruktionselemente sowie die Einhaltung eines Grundrasters machen das hier vorgestellte System einfach und übersichtlich. Die Planung eines Baus erfolgt nach vorgegebenen Systemlösungen und Anschlussdetails. Die gedämmten Grundmodule haben einen guten U-Wert von 0.42 W/(m²·K). Eine durchschnittliche zusätzliche Aussendämmung erzielt bereits sehr gute Werte, was einen schlanken Wandaufbau erlaubt. Wertvolle Ressourcen werden dadruch geschont und mehr Wohnfläche bleibt erhalten. Die Installation der elektrischen Leitungen kann bereits während des Wandaufbaus vorgenommen werden, was eine saubere Lösung darstellt.

Nachteile

Die architektonische Gestaltungsfreiheit ist durch die Vorgabe des Rastersystems und die kleine Anzahl der Konstruktionselemente zwar nicht wesentlich eingeschränkt, bewegt sich jedoch in den vorgegebenen Grenzen.
Die Installationsarbeiten am Bau, die gleichzeitig mit dem Aufbau der Wände vorgenommen werden, erfordern eine erhöhte Koordination des Baustellenablaufs.
Für diejenigen Holzmodule, die im Ausland hergestellt werden, müssen die Transportwege bei der ökologischen Betrachtung berücksichtigt werden.

Grundelemente

Das Holzbausystem Steko basiert auf wenigen Grundelementen, welche einfach und schnell zusammengesteckt werden können. Das Kernstück bildet das handliche, ca. 6.5 kg schwere Grundmodul mit einer Länge von 640 mm und einer Höhe von 240 oder 320 mm. Die Breite beträgt bei allen Bauteilen 160 mm. Neben dem 4-teiligen Modul gibt es 3-, 2- und 1-teilige Module. Sie alle bestehen aus fünf Lagen Massivholz, die kreuzweise verleimt sind. Dieser mehrschichtige Aufbau ergibt massstabile, nicht verformbare Module mit Hohlräumen. Für den Wärme- und Schallschutz werden die Hohlräume mit Dämmung ausgeflockt.

Als unterer Abschluss der Wand wird eine Schwelle, als oberer Abschluss ein Einbinder mit je 80 mm Höhe eingesetzt. Leibungsbretter bilden den seitlichen Abschluss. Mit diesen wenigen Teilen können sämtliche Innen- und Aussenwände eines Hauses gebaut werden.

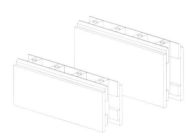

Steko Grundmodul, 4-teilig
Länge 640 mm
Höhe 240, 320 mm

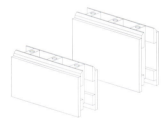

Steko Grundmodul, 3-teilig
Länge 480 mm
Höhe 240, 320 mm

Steko Grundmodul, 2-teilig
Länge 320 mm
Höhe 240, 320 mm

Steko Grundmodul, 1-teilig
Länge 160 mm
Höhe 240, 320 mm

Steko Schwelle und Steko Einbinder
Länge und Höhe variabel

Steko Leibungsabschluss
Fenster- und Türenabschlüsse

Wandaufbau

Mit den Holzmodulen wird der Rohbau des Gebäudes erstellt. Der weitere Wandaufbau erfolgt nach gestalterischen und konstruktiven Gesichtspunkten. Gemäss den Anforderungen an den U-Wert der Gebäudehülle wird die Stärke der Aussenwärmedämmung gewählt. Es kommen sowohl hinterlüftete Fassaden, als auch einfache und kostengünstige Kompaktfassaden in Frage.

Innen können die Wände sichtbar belassen oder mit den üblichen Innenausbaumaterialien wie Gips- oder Holzwerkstoffplatten verkleidet werden.

Wandaufbau hinterlüftete Fassade
(von innen nach aussen, v.r.n.l)

Gipskartonplatte	15 mm
Steko gedämmt	160 mm
Luftdichtigkeitsschicht	
Steinwollplatten	140 mm
Hinterlüftung / Konterlattung	30 mm
Aussenverkleidung	20 mm
Total	365 mm

U-Wert: 0.15 W/(m²·K)

Wandaufbau Kompaktfassade
(von innen nach aussen, v.r.n.l)

Steko gedämmt (sichtbar)	160 mm
Steinwollplatten	140 mm
Aussenputz	20 mm
Total	320 mm

U-Wert: 0.15 W/(m²·K)

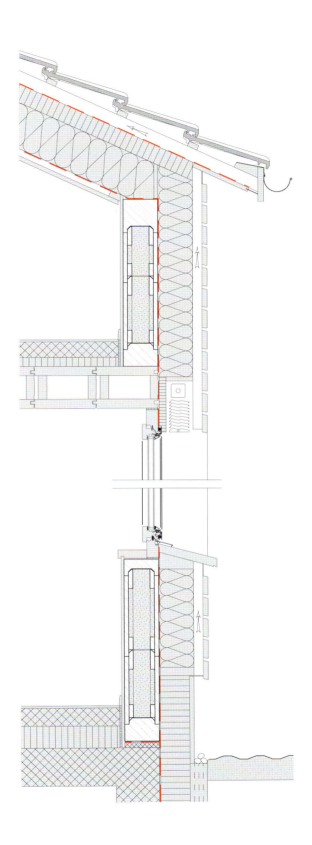

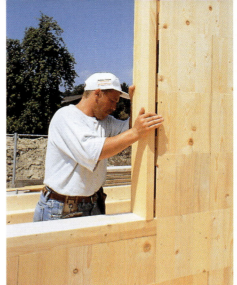

Raster

Beim Holzbausystem Steko wurde ein Raster festgelegt, der die Tradition des Holzbaus mit den Massabstufungen von 20 mm beim Konstruktionsholz berücksichtigt. Das Bausystem basiert auf einem horizontalen Grundrissraster von 160 mm und einem vertikalen Höhenraster von 80 mm. Zwischenschritte sind möglich.

Im Grundriss kann also alle 160 mm eine Wand gestellt werden. Ein Querwandanschluss ist auch mit einer Randlatte möglich. In diesem Fall kann vom Raster abgewichen werden. Weil die Module sowie die Sturzelemente in zwei Bauhöhen (240 mm und 320 mm) erhältlich sind, ist es möglich, mittels verschiedener Kombinationen die lichte Höhe von Oberkante Boden bis Unterkante Decke in 80 mm Sprüngen zu realisieren. Weitere Elemente wie Schwellen und Einbinder sind je 80 mm hoch und somit im Raster integriert. Diese Systemteile können in der Höhe wie im Grundriss auf Zwischenschritte angepasst werden.

Rechtwinklige Ecken und Zwischenwandanschlüsse sind die Regel, von 90° abweichende Winkel sind aber ebenfalls möglich. Diese können mit Sägeschnitten ausgeführt werden.

Montage

Die industriell hergestellten Module und Systemkomponenten werden auf Paletten angeliefert. Auf dem Fundament oder der Kellerdecke werden zunächst die Schwellen montiert. Danach können die Module von Hand, ohne Klebstoffe oder andere Verbindungsmittel, an- und aufeinander gereiht werden. Die Verbindung erfolgt über werkseitig eingesetzte Buchendübel und führt zu einem stabilen, nicht verschiebbaren Verbund. In den Ecken werden die Module durch die versetzte Anordnung zusätzlich verzahnt. Als oberer Abschluss dienen die Einbinder, danach können die Deckenelemente versetzt werden.

Für die Öffnungen in der Wand werden an das System angepasste Abschluss, Sturz- und Unterzugselemente eingesetzt. Das Bausystem lässt sich mit den marktüblichen Fenstern und Türen, aber auch mit den üblichen Decken- und Dachsystemen kombinieren.

Die Montage des Rohbaus nimmt nur einige Tage in Anspruch, danach werden Fenster und Türen angeschlagen. Sind die Installationen in den Hohlräumen der Holzmodule verlegt, wird die Wärmedämmung (Zelluloseflocken oder auch andere schüttfähige Dämmstoffe) eingeblasen.

Bauphysik

Wärmeschutz

Eine mit Zellulose ausgeflockte Wand aus Steko-Modulen hat bereits einen U-Wert von 0.42 W/(m²·K). Um den für Passivhäuser gewünschten U-Wert von 0.15 W/(m²·K) zu erreichen, ist eine zusätzliche Aussendämmung von rund 140 mm notwendig. Die Aussendämmung ummantelt das Tragwerk fugenlos, wodurch Wärmebrücken vermieden werden. Wird die Wärmedämmung zwischen einem Lattenrost aufgebracht, ist dies in der U-Wert-Berechnung zu berücksichtigen und die Dämmstärke um 20 bis 60 mm zu erhöhen. Die gedämmte Steko-Wand hat, ohne Aussendämmung und weiterer Wandaufbau, eine Dichte von $\rho = 45$ kg/m². Ihre spezifische Wärmekapazität c beträgt 2.2 kJ/(kg·K), was eine spezifische Wärmespeicherfähigkeit von 100 kJ/(m²·K) ergibt. Die Wärmeleitfähigkeit λ liegt bei 0.073 W/(m·K).

Tragverhalten

Das Holzmodul-Stecksystem ist hoch belastbar. Dies bestätigt das Prüflabor der Eidgenössischen Technischen Hochschule ETH in Zürich. In Deutschland ist die Bauweise von der Anstalt des öffentlichen Rechts (Deutsches Institut für Bautechnik, D-Berlin) zugelassen. Der Tragwiderstand einer Steko-Wand liegt bei der Verwendung von Schwellen aus Fichtenholz bei $R_d = 92$ kN/m¹, bei der Verwendung von Schwellen aus Buchenholz

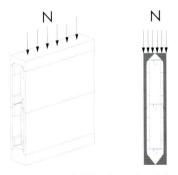

$N_{Rd} \le 212$ kN/m¹ (Buchenschwelle)

$N_{Rd} \le 136$ kN (Buchenschwelle)

► Um sehr gute Schalldämmwerte zu erreichen, können die hohlen Holzmodulwände auf der Baustelle mit Sand aufgefüllt werden.

bei R_d = 212 kN/m[1] (Bemessungswerte nach Norm SIA 265 für η_w = 1.0 und η_t = 1.0). Die statischen Kräfte werden auf die äussere Schicht der Module übertragen. Die Problematik des Biegemoments wird durch die Deckenlast gelöst.

Feuchteverhalten

Die Holzmodulwände sind atmungsaktiv und diffusionsoffen. Weder Dampfsperren noch Dichtungsbänder sind bei diesem Wandaufbau notwendig. Die Temperatur- und Feuchteregelung geschieht über die Poren und Zellen des bereits getrockneten Massivholzes. Die Holzmodule und Zusatzteile haben beim Verlassen des Fabrikationsbetriebs eine Feuchtigkeit von 8 bis 12 %. Während der Bauzeit müssen die Holzteile gegen Feuchtigkeitsaufnahme geschützt werden.
Die auftretende Feuchteänderung beim Gebrauch eines Gebäudes beeinflusst die Holzelemente nur in geringem Masse. Die querverleimten Module bilden eine massstabile Einheit, wodurch die bei Holzteilen sonst üblichen Formänderungen auf ein Minimum reduziert werden. Die Formänderungen beschränken sich auf die Stossfugen der Module, was jedoch konstruktiv keine Nachteile hat. Die mit dem Holzmodul-Stecksystem erstellten Wände bilden unter dem Aspekt

von reduzierten Schwind- und Quellmassen eine gute Verlegeunterlage. Flächige Verkleidungsmaterialien können direkt auf die Module befestigt werden.

Schallschutz

Je nach Anforderung an die Schalldämmung kann das Holzkastenmodul mit Zelluloseflocken oder bei höheren Ansprüchen mit Sand gefüllt werden. Mit verschiedenen Beplankungsmaterialien oder zweischichtigen Konstruktionen kann der Schallschutz nochmals erhöht werden. Ein ungedämmtes einfaches Holzkastenmodul hat einen Schalldämmwert R_w von 31 dB. Wird es mit Sand (Korngrösse 4 bis 6 mm) gefüllt, beträgt dieser Wert bereits 48 dB.

Brandschutz

Je nach Wandaufbau und abhängig von der Hohlraumfüllung können Feuerwiderstände von 30 und 60 Minuten erreicht werden. Eine mit Beton gefüllte Wand erreicht einen Feuerwiderstand von 90 Minuten. Mehrgeschossiges Bauen bis zu sechs Stockwerken ist mit diesem System möglich. In der Schweiz darf das Treppenhaus ab einer Bauhöhe von vier Stockwerken gemäss Brandschutznorm der Vereinigung Kantonaler Feuerversicherungen nicht aus Holz gebaut werden.

Produktion

Die Holzmodule und Systemteile werden seriell unter kontrollierten Bedingungen hergestellt, was zu einer hohen Qualitätssicherung führt. Die überschaubare Anzahl von Grundelementen erlaubt eine Produktion auf Lager. Die Module werden dezentral nach Ländern produziert und vertrieben. Standorte für die Produktion der Module befinden sich in der Slowakei, in Rumänien und zur Zeit auch in Estland und der Schweiz.

Ökologie

Die Holzmodulwände bestehen hauptsächlich aus trockenem Massivholz und natürlichen Dämmstoffen, was sich positiv auf die Ökobilanz auswirkt. Das für die Holzmodule verwendete Massivholz stammt aus nachhaltig bewirtschafteten Wäldern. Bei der ökologischen Betrachtung müssen insbesondere bei den im Ausland hergestellten Holzmodulen die Transportwege mit berücksichtigt werden. Genaue Angaben zur grauen Energie sind nicht explizit verfügbar.

Die Module sind in sich mit PU-Leimen verklebt. Für den weiteren Zusammenbau sind weder Klebstoffe noch andere Verbindungsmittel notwendig. Die unbehandelten, massiven Holzmodule können problemlos wieder verwendet werden.

Die mit Zellulose gefüllten Holzmodule erlauben einen schlanken Wandaufbau und somit einen sparsamen Materialverbrauch.

Wirtschaftlichkeit

Die industrielle Vorfabrikation der Elemente ermöglicht eine effiziente und kostengünstige Produktion der Module. Der Transport vom Produktionsstandort bis zur Baustelle ist dank den kleinen Modulgrössen sehr einfach und es sind keine speziellen Vorrichtungen erforderlich.

Der Planungs- und Arbeitsaufwand kann durch das rationelle System deutlich gesenkt werden. Durch die Einfachheit des Systems und die Handlichkeit der Module besteht für handwerklich versierte Bauherrschaften die Möglichkeit von Eigenleistungen oder Mithilfe beim Bau, was die Baukosten weiter senkt.

Der Materialverbrauch ist durch die Ausbildung des speziellen Modulaufbaus verhältnismässig gering, was sowohl die Ressourcen schont als auch Kosten spart.

Die Kosten für eine fertige Aussenwand betragen je nach Dämmschichtdicke, Beplankungsmaterialien und Fassadenverkleidung zwischen 150.- bis 250.- € pro m².

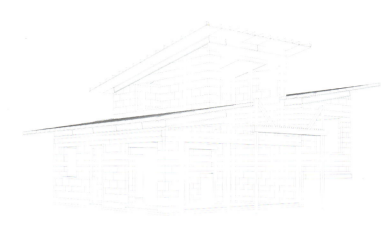

Architektur: AP Merz+Co, CH-9475 Sevelen
Bauherrschaft: W. Wolgensinger und V. Allen, CH-9475 Sevelen

Gebäudebeispiel

Das Einfamilienhaus Wolgensinger ist im Jahr 2003/2004 entstanden. Bauherrschaft und Architekt legten Wert darauf, dass gesundheitlich einwandfreie Materialien zur Anwendung kommen. Ein weiteres Ziel war ein tiefer Energieverbrauch.

Die eigenwillige Form des Gebäudes hat sich aus den gegebenen Umständen des Baugesetzes entwickelt. Ausgangspunkt war ein bestehendes Haus in der Landwirtschaftszone, welches bis auf die Kellerdecken abgetragen wurde. Der Neubau musste die Struktur des ursprünglichen Hauses übernehmen und durfte lediglich 30 % grösser werden als das ursprüngliche Haus.

Die Grundstruktur des Hauses wird durch das innen sichtbar belassene Steko-Holzbausystem gebildet. Zusammen mit der Zellulose-Aussendämmung mit einer Dicke von 160 mm sowie einer 35 mm starken Holzfaserplatte erreichen die Aussenwände einen sehr guten U-Wert von 0.13 W/(m²·K).

Das Einfamilienhaus hat ein nachhaltiges Energiekonzept. Das Warmwasser wird teilweise durch Solarkollektoren bereitgestellt, die Raumheizung erfolgt durch eine Stückholzheizung. Der Heizenergiebedarf dieses Einfamilienhauses beträgt ca. 35 kWh/m²a.

U-Werte	W/(m²·K)
Wände	0.13
Dach	0.14
Boden (Erdreich)	0.18
Boden (Keller)	0.20

Wandaufbau
(von innen nach aussen, v.r.n.l.)

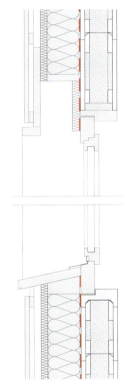

Steko-Element
mit Zellulosedämmung 160 mm
Windpapier
Zellulosedämmung 160 mm
Weichfaserplatte 35 mm
Lattung 2 x 24 mm 48 mm
Lärchenschalung 27 mm

Total 430 mm
U-Wert: 0.13 W/(m²·K)

Kontaktinfos

Der internationale Hauptsitz der STEKO Holz-Bausysteme AG befindet sich in CH-8592 Uttwil. www.steko.ch

Vertriebspartner in der Schweiz ist die HIAG Handel AG, Fehr Holzwerkstoffe in CH-8272 Ermatingen. www.hiag.ch

Raumfachwerk

Raumfachwerk

Das Raumfachwerk ist eine sehr effiziente Tragstruktur, die mit wenig Material grosse Lasten aufnehmen kann. Füllt man diese Struktur mit Zellulosedämmung, entsteht eine nachhaltige Konstruktion mit hervorragendem Wärmeschutz. Das Spezielle dabei ist, dass sich eine derartige Bauweise gleichermassen für Wände, Boden, Decken und Dach eignet. Die gesamte Gebäudehülle kann somit mit ein und derselben Struktur gebaut werden.

Ein Beispiel einer solchen Anwendung ist das „spacehouse®"-System, das 2001 erstmals an einem Einfamilienhaus getestet wurde. Seither wurde das System verfeinert und weitere Wohnhäuser sind in Planung.

Systembeschrieb

Die hier beschriebene Raumfachwerk-Konstruktion besteht im Wesentlichen aus Holzstäben und Chromstahlknoten. Die Stäbe werden mit den Knoten zu einer räumlichen Struktur verbunden. Das dreidimensionale Gerüst bildet in einem „Endlos-Strickverfahren" die gesamte Gebäudehülle. Wände, Boden, Decken und Dach sind rundum gleich aufgebaut, wodurch eine wärmebrückenfreie Konstruktion entsteht. Das Raumfachwerk wird nach der Errichtung beidseitig beplankt und mit Zellulose ausgeflockt.

Diese Konstruktion ist inzwischen weiterentwickelt, verbessert und erstmals 2002 an einem Gebäude eingesetzt worden. Bei der Weiterentwicklung sind die Knoten neu aus Holz anstatt Metall und die Stäbe sind schlanker und kürzer geworden. Nachfolgend wird jeweils die ursprüngliche Konstruktion beschrieben und mit Informationen zur Neuentwicklung ergänzt.

Anwendungsbereich

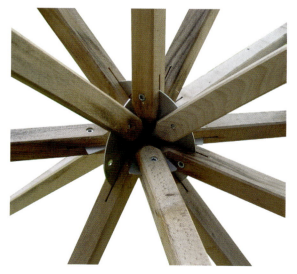

Bisher ist die hier beschriebene Raumfachwerk-Konstruktion ausschliesslich bei einem einstöckigen Einfamilienhaus eingesetzt worden. Ein mehrgeschossiges Bauwerk wäre aber aufgrund der Tragstruktur problemlos möglich. Die Einschränkung liegt hauptsächlich bei der Brandschutzverordnung, die in der Schweiz maximal sechsstöckige Gebäude aus Holz erlaubt. Die Struktur selber wird auch ausserhalb des Wohnungsbaus eingesetzt, so zum Beispiel als Tragkonstruktion von Photovoltaik-Modulen.

Vorteile

Ein grosser Vorteil dieser Raumfachwerk-Konstruktion ist der sparsame Materialverbrauch. Gemäss Angaben des Herstellers wird der gesamte Holzverbrauch gegenüber herkömmlichen Holzbaulösungen um 50 bis 70 % reduziert, was zur Schonung unserer Ressourcen beiträgt. Die unbehandelten Holzstäbe sowie die Zellulosedämmung lassen sich problemlos entsorgen oder wiederverwerten.

Die für die gesamte Gebäudehülle rundum einheitlich einsetzbare Struktur ist wärmebrückenfrei und erreicht durch die Ausflockung mit Zellulose hervorragende U-Werte.

Handwerklich versierte Bauherrschaften haben die Möglichkeit bei der Erstellung des Raumfachwerks mitzuwirken, was Kosten spart. Alle Rohrinstallationen können innerhalb der Struktur erstellt werden.

Nachteile

Die erste Version dieser Raumfachwerk-Konstruktion hat eine sehr grosse Wandstärke von 717 mm. In Anbetracht der heutigen Bodenpreise geht dadurch viel teure Wohnfläche verloren. Werden diese dicken Wände jedoch zum architektonischen Thema, z. B. durch die Ausbildung von Kastenfenstern und die Integration von Möbeln in der Wand, kann eine solche Konstruktion durchaus ihren Reiz haben. Die weiterentwickelte Version dieser Konstruktion ist durch die kürzeren und schlankeren Holzstäbe neu mit einer Wandstärke von rund 300 mm realisierbar.

Die Ausbildung der Knotenverbindungen aus Chromstahl ist energetisch aufwändig. Auch dieses Problem löst die verbesserte neue Version, indem die Metallknoten durch Holzknotenverbindungen ersetzt werden.

Grundelemente

Die industriell hergestellten Stäbe und Knoten sind so gemacht, dass sie für die Erstellung der gesamten Tragkonstruktion von Boden über Wände bis zum Dach eingesetzt werden können. Für die Verbindung der Elemente kommt ein speziell für das System entwickelter Schraubverbinder zum Einsatz.

Knoten

Den rostfreien Edelstahl-Knoten gibt es je nach Funktion in verschiedenen Varianten. Die Grundversion für einen innen liegenden Knoten besteht aus einer runden Scheibe und vier abgerundeten Flügeln auf einer Seite. Durch die vorgebohrten Löcher werden die Stäbe mit den Schraubverbindern befestigt. Für die Ausbildung von Öffnungen in der Struktur (Fenster und Türen) werden für den Knoten bei der Eckausbildung ¾-Scheiben und bei der Leibung ½-Scheiben eingesetzt.

Der neu entwickelte Knoten aus Holz hat von seiner Gestaltung her nicht mehr viel mit dem Edelstahl-Knoten gemeinsam. Drei aus Hartholz-Multiplexplatten ausgeschnittene Holzscheiben werden so ineinander gesteckt, dass sie einen räumlichen Knoten bilden. Der zusammengesteckte Knoten

ist stabil und muss nicht verleimt werden. Auch hier sind die Scheiben mit Löchern versehen, die zur Befestigung der Stäbe dienen.

Stab

Die hier verwendeten Holzstäbe bestehen aus Massivholz. Diese industriell hergestellten Holzstäbe haben einen Querschnitt von 28 x 28 mm und eine Länge von 625 mm. An den Enden sind die Holzstäbe zugespitzt und mit einem Schlitz und einem quer dazu liegenden Loch versehen. Der Holzstab kann so über die Scheibe des Metallknotens geschoben und durch das Loch mit dem Schraubverbinder befestigt werden.

Die verwendete Holzart kann je nach Vorkommnis in der Region und entsprechend den statischen Anforderungen gewählt werden. So kommen zum Beispiel Buche, Eiche oder Esche in Frage. Kommt das Holz mit Wasser in Berührung, eignet sich insbesondere Robinienholz, das auch in diesem Fall unbehandelt belassen werden kann.

Die Stäbe des neuen Systems sind vorne nicht mehr zugespitzt, was aufgrund der neuen Knotenausbildung und Verbindungsart nicht mehr notwendig ist.

Wandaufbau

Das Raumfachwerk aus Holz ist die Grundlage dieser Konstruktion. Es bildet die Tragstruktur und bestimmt die Wand- und somit die Dämmstärke. Eine Konterlattung ist weder innen noch aussen notwendig. Die Beplankung wird auf die Stäbe montiert. Als Beplankungsmaterial kommen auf der Innenseite zum Beispiel OSB-, Dreischicht-, Sperrholz- oder Gipskartonplatten in Frage. Eine originelle Variante wäre eine Beplankung mit Glasplatten, welche die Wandstruktur sichtbar macht. Auch die Aussenfassade kann mit verschiedenen Materialien gestaltet werden, wobei auf eine Hinterlüftung verzichtet werden kann.

Wandaufbau alte Version
(von innen nach aussen, v.r.n.l.)

Gipskartonplatte	12 mm
Innere Beplankung	18 mm
Raumfachwerk /	
Zellulosedämmung	653 mm
Äussere Beplankung	15 mm
Fassadenverkleidung	19 mm
Total	717 mm

U-Wert: 0.06 W/(m²·K)

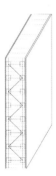

Wandaufbau neue Version
(von innen nach aussen, v.r.n.l.)

Gipskartonplatte	12 mm
Innere Folie	1 mm
Raumfachwerk /	
Zellulosedämmung	267 mm
Äussere Folie	1 mm
Fassadenverkleidung	19 mm
Total	300 mm

U-Wert: 0.15 W/(m²·K)

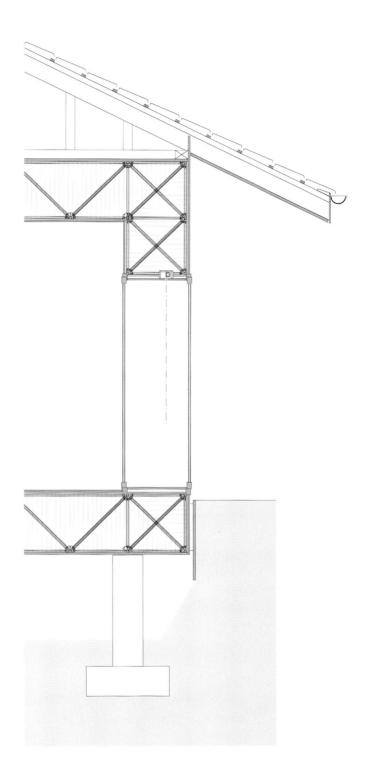

Raster

Die Rasterung der x, y, z-Koordinaten weist innerhalb des Systems immer dieselben Masse auf. Das hier angewendete Rastermass beträgt 625 mm. Entsprechend dem Grundraster werden die Öffnungen in der Struktur platziert. Durch die Wahl dieses grossen Rastermasses werden die Wände sehr dick und die Flexibilität bei der Raumhöhe und der Positionierung von Öffnungen ist eingeschränkt.

Mit der neuen und schlankeren Variante dieses Raumfachwerks wird die Gestaltungsfreiheit massiv verbessert. Der neue Raster wurde auf einen Drittel des ursprünglichen Masses reduziert und beträgt neu 208 mm.

Montage

Ein herkömmliches Fundament oder ein Keller aus Beton dienen als Grundlage für den Aufbau der Konstruktion. Für ein zukünftiges Projekt wird die Möglichkeit in Betracht gezogen, auch den Keller mit dem Raumfachwerk aus Holz, in diesem Fall unbehandeltes Robinienholz, zu erstellen.

Das Verbinden der Stäbe und Knoten kann direkt vor Ort auf der Baustelle oder bei Bedarf dezentral, zum Beispiel in einer Halle, geschehen. Für diese Arbeit besteht die Möglichkeit von Eigenleistungen der Bauherrschaft. Für die Montage sind keine speziellen Geräte erforderlich. Die handlichen Stäbe und Knoten werden einfach miteinander verschraubt.

Die räumliche Struktur der Konstruktion dient zugleich als Gerüst, an dem für die weitere Montage hochgeklettert werden kann. Ein einfacher Plan hilft bei der Auswahl der richtigen Knoten, die sich je nach Lage in der Wand, an einer Ecke oder bei einer Öffnung voneinander unterscheiden. Die Montage nimmt bei durchgehender Arbeit rund ein bis zwei Wochen Zeit in Anspruch.

Ist das ganze Raumfachwerk fertig gestellt, wird ein grosser Teil der Bodenplatten und der Beplankung der Wände montiert. Durch die frei gebliebenen Öffnungen werden die Leitungen verlegt und das Ausblasen der Struktur mit Zelluloseflocken kann beginnen. Zuerst wird der Boden vollständig gedämmt und mit den restlichen Platten zugedeckt, dann werden die Wände fertig beplankt und von oben ebenfalls mit Dämmung aufgefüllt. Über vor Ort ausgefräste Löcher in die Beplankungen und Bodenplatten wird die Dämmung noch nachverdichtet.

Zum Schluss werden die Innen- und Aussenverkleidung der Wand angebracht.

Bauphysik

Wärmeschutz

Die Raumfachwerk-Konstruktion ist durch ihre dreidimensionale Anwendbarkeit frei von Wärmebrücken. Während bei herkömmlichen Konstruktionen insbesondere die Übergänge zwischen Boden, Wand, Decke und Dach schwierig zu lösen sind, stellen diese für das Raumfachwerk keine Schwierigkeiten dar.

Dank der schlanken Tragstruktur besteht der grösste Teil von Wand, Boden und Dach aus Dämmung. Somit werden hervorragende U-Werte erreicht. Eine Raumfachwerk-Wand mit der ursprünglichen Dicke von 717 mm hat einen sehr tiefen U-Wert von 0.06 W/(m²·K). Um den Grenzwert für ein Passivhaus von 0.15 W/(m²·K) zu erreichen, ist bei diesem System eine Wandstärke von 300 mm erforderlich.

Die ursprüngliche fertige Raumfachwerk-Wand (717 mm) hat eine effektive Masse von 94 kg/m². Ihre spezifische Wärmekapazität beträgt c = 181 kJ/(m²·K), die Wärmeleitfähigkeit λ = 0.045 W/(m·K). Bei der schlankeren Version (300 mm) beträgt die effektive Masse 48 kg/m², c = 89 kJ/(m²·K) und λ = 0.046 W/(m·K).

Tragverhalten

Beim Raumfachwerk handelt es sich um ein statisch unbestimmtes Tragsystem. Je nach statischen Anforderungen führen 8 bis 16 Stäbe in einen Knoten. Trotz sehr sparsamem Materialverbrauch und dem ultraleichten Eigengewicht können mit diesem System grosse Spannweiten überbrückt werden. Mit dem 625 mm Raster für die Tragstruktur ist eine Spannweite von 7 bis 8 m gut realisierbar.

Die Flächen- und Einzellasten werden über die Beplankung, mittels eines speziellen Beplankungsauflagers, direkt in den Knoten geführt. Unerwünschte Biegespannungen im System werden dadurch verhindert. Die Holzstäbe müssen ausschliesslich Druck- und Zugkräfte aufnehmen. Das hoch effiziente Tragsystem ist erdbeben- und sturmsicher.

Feuchteverhalten

Aufgrund der kleinen Holzquerschnitte und der geringen relativen Holzfeuchtigkeit der technisch getrockneten Stäbe von ca. 10 % sind Schwindmasse bei dieser Raumfachwerk-Konstruktion nicht von Bedeutung.

►

Durch nachträglich ausgeschnittene Löcher der fertig beplankten Wände wird die Zellulosedämmung in den Wänden nachverdichtet.

Borsalze schützen die Zelluloseflocken vor Verrottung, Schädlingsbefall und Brand. Die Konstruktion ist diffusionsoffen und profitiert von der feuchteregulierenden Wirkung der Zellulose-Dämmung.

Schallschutz

Durch die hohe Fülldichte mit Zellulose (55 – 65 kg/m³) und die spezielle Faserstruktur erreicht die Raumfachwerk-Wand eine gute Schalldämmung. Dank dem hohen Schallabsorptionsgrad unterstützt der Zellulose-Dämmstoff eine gute Raumakustik. Der Trittschall wird durch einen schwimmenden Konstruktionsaufbau absorbiert.

Brandschutz

Die Raumfachwerk-Konstruktion mit Zellulosedämmung hat ein sehr gutes Brandverhalten. Tests mit einem Bunsenbrenner (1000 °C) zeigten, dass die Wand auch nach 10 Minuten bloss oberflächlich verkohlt blieb und auf der Rückseite kaum eine Erwärmung stattfand. Die mit Borsalz vermischte Zellulose ist nur schwer entflammbar.

Produktion

Die wenigen Basis-Elemente wie Knoten, Stab und Schraubverbinder werden industriell gefertigt und können auf Vorrat produziert werden. Für die Herstellung der Baustäbe wird Massivholz verwendet. Entsprechend den kurzen Längen und kleinen Querschnitten der Baustäbe können Holzfehler gezielt herausgeschnitten werden. Es kommt nur Bauholz erster Qualität zur Anwendung. Die Produktion findet in der Schweiz statt.

Beim neuen System werden die Knoten aus Hartholz-Multiplexplatten hergestellt. Das angewendete Keilzink-Verfahren sorgt für eine stabile Holzverbindung. Die Verleimung der Platten erfolgt mit einem formaldehydfreien PU-Kleber.

Ökologie

Der gesamte Holzverbrauch der hier beschriebenen Raumfachwerk-Konstruktion wird gegenüber herkömmlichen Lösungen um 50 % bis 70 % reduziert. Das Eigengewicht der Raumfachwerk-Struktur ist ultraleicht, was

neben dem sparsamen Materialverbrauch auch Vorteile beim Transport mit sich bringt. Das Gewicht eines ausgebauten Wohnhauses mit einer Netto-Geschossfläche von 150 m² beträgt bei der Raumfachwerk-Konstruktion ca. 20 bis 25 Tonnen. Ein vergleichbarer Holzbau in Rahmenbauweise würde ca. 50 Tonnen, ein Massivbau mit Backsteinwänden und Betondecke ca. 180 Tonnen wiegen. Das weiterentwickelte System mit den schlankeren Wänden bringt weitere Materialeinsparungen.

Die konsequente Materialwahl von Holz und Zellulose ergibt eine positive Ökobilanz. Das verwendete Holz stammt aus nachhaltig bewirtschafteten Wäldern aus der Region. Die einzelnen Konstruktionsteile können bei einem Rückbau einfach auseinander gebaut und wiederverwertet bzw. entsorgt werden. Zellulosedämmstoff ist wiederverwertbar und deponierfähig.

Der bei der ursprünglichen Version der Raumfachwerk-Konstruktion eingesetzte Metallknoten ist das energetisch aufwändigste Element, das jedoch eine lange Lebenserwartung hat und nach einem Rückbau unbeschädigt erneut eingesetzt werden könnte. In Zukunft wird sich aber der Holzknoten als ökologische und ökonomische Lösung durchsetzen.

Wirtschaftlichkeit

Die einzelnen Elemente der Raumfachwerk-Konstruktion können auf effiziente Weise auf Vorrat produziert, gelagert und jederzeit auf Abruf geliefert werden. Das System erlaubt eine präzise und schnelle Montage, was Kosten spart. Handwerklich versierte Bauherrschaften haben die Möglichkeit von Eigenleistungen oder Mithilfe beim Bau.

Die räumliche Struktur der Konstruktion ist multifunktional und somit ebenfalls sehr kosteneffizient. Neben der Funktion als Tragstruktur bietet das System zugleich den Raum für die technischen Installationen, dient als Gerüst für die Montage und stützt die später eingeblasene Zellulose.

Da die reine Tragstruktur aus Stäben und Knoten sehr kompakt in Kisten befördert werden kann, ist der Transport unkompliziert und kostengünstig. Wird das Raumfachwerk dezentral zusammengebaut, kann es per Helikopter transportiert werden.

Eine Raumfachwerk-Wand (717 mm) kostet 200.- bis 240.- € pro m². Die schlankere neue Version erlaubt eine Materialeinsparung um den Faktor 3. Zusammen mit dem einfacheren und kostengünstigeren Holzknoten ist diese neue Raumfachwerk-Wand zu einem Preis von 140.- bis 180.- € pro m² realisierbar.

◄

Die dicken Wände werden durch die Ausbildung von Kastenfenstern und die Integration von Möbeln zum Gestaltungselement.

Architektur: David Muspach, CH-4146 Hochwald
Bauherrschaft: E. und K. Häring-Weisskopf, CH-4436 Liedertswil

Gebäudebeispiel

Das Einfamilienhaus in Liedertswil besteht aus einem eingeschossigen, kompakten Bauvolumen mit Walmdach. Das Passivhaus zeichnet sich durch die hoch gedämmte und wärmebrückenfreie Gebäudehülle mit dem „spacehouse®"-System aus. Die gesamte Raumfachwerk-Struktur wurde dezentral gefertigt, per Helikopter in einem Stück zum Bauplatz transportiert und direkt auf die Fundamente abgesetzt.

Die dicke Gebäudehülle von 717 mm gehört zum architektonischen Ausdruck des Hauses. Mit den als Kastenfenster gestalteten Öffnungen und zum Teil in der Wand integrierten Möbeln wird die Wandstärke bewusst als Gestaltungsmittel eingesetzt. Neben dem gestalterischen Aspekt haben die Kastenfenster den Vorteil, dass sie trotz herkömmlicher Zweifach-Isolierverglasung einen hervorragenden U-Wert von 0.31 $W/(m^2 \cdot K)$ erreichen.

Ein Wärmepumpen-Kompaktgerät sorgt für die Lüftung mit Wärmerückgewinnung, Heizung, Warmwasserbereitung und Kühlung. Die Zuluft erfolgt über einen Erdwärmetauscher. Der Heizenergiebedarf beträgt 7 kWh/m^2a.

U-Werte	$W/(m^2 \cdot K)$
Wände	0.06
Dach	0.06
Boden (Erdreich)	0.06
Boden (Keller)	0.06

Wandaufbau mit Büchernische
(von innen nach aussen, v.r.n.l.)

Gipskartonplatte	12 mm
OSB-Platte	18 mm
Raumfachwerk /	
Zellulosedämmung	653 mm
Äussere Beplankung	15 mm
Lärchenholz-Dreischichtpl.	19 mm
Total	717 mm

U-Wert: 0.06 W/(m²·K)

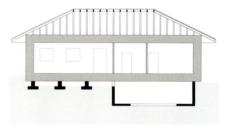

Kontaktinfos

Kontaktperson für das beschriebene „spacehouse®"-System ist der Entwickler dieser Konstruktion David Muspach, Architekt HTL, in CH-4146 Hochwald.
david.muspach@spacehouse.ch

Strohballen

Strohballen

Beim Strohballenbau wird ein natürlicher Rohstoff genutzt, der in ausreichender Menge verfügbar ist, jährlich nachwächst und bei einem Rückbau in den natürlichen Kreislauf zurückgeführt werden kann. Bereits vor mehreren hundert Jahren fand Stroh in Europa als Baumaterial Verwendung, z. B. als Strohdächer oder Ausfachungen in Verbindung mit Lehm. Als Konstruktionsmaterial für Wände wurden Strohballen zum ersten Mal in den 1880er-Jahren in Amerika eingesetzt, als die Strohballenpresse erfunden wurde. Während der Ölkrise in den 1970er-Jahren gelangte diese Strohballenbautechnik nach Europa. Weltweit existieren heute mehr als zehntausend Strohballenhäuser.

Systembeschrieb

Bei der Strohballenbauweise stehen zwei Konstruktionsprinzipien zur Auswahl. Die lasttragende Bauweise (Nebraska-Stil) besteht aus gestapelten Strohballen, die sowohl statische als auch wärmedämmende Funktion übernehmen. Die zweite Variante ist die Ständerbaukonstruktion, bei der das statisch tragende Holzständergerüst mit nicht tragenden Strohballen als Dämmung ausgefacht wird. Beide Wandaufbauten erreichen sehr gute Dämmwerte.

Anwendungsbereich

Der Strohballenbau eignet sich insbesondere für den Einsatz in ländlichen Regionen, wo Stroh in grossen Mengen vorhanden ist und die Transportwege kurz sind. Oft steht in solchen Gebieten mehr Land zur Verfügung als in dichter besiedelten Wohngegenden. Das heisst, trotz dicken Wandstärken, wie sie speziell bei der lasttragenden Bauweise entstehen, bleiben genügend Wohnfläche und Umschwung erhalten.

Bei der lasttragenden Bauweise wurde bis jetzt maximal zweigeschossig gebaut. Die Ausführung in Holzständerkonstruktion erlaubt je nach gesetzlichen Vorschriften bis zu fünf Stockwerke. Neben Wohnbauten sind auch landwirtschaftliche Nutzgebäude, öffentliche Einrichtungen, Lager-, Industrie- und Fertigungshallen, Tonstudios, Museen und sogar Sakralbauten mit Strohballen errichtet worden. Nicht zu vergessen ist die Eignung des Strohballenbaus für temporäre Bauten in Katastrophengebieten.

Vorteile

Strohballenhäuser zeichnen sich durch ihre Ressourceneffizienz und Nachhaltigkeit aus. Im Vergleich zu herkömmlichen Wandkonstruktionen brauchen solche Wände nur noch einen Zehntel der Primärenergie: Erzeugung, Transport und Einbau des regional verfügbaren und jährlich nachwachsenden Rohstoffs erfordern einen minimalen Energieaufwand. Das Baumaterial Stroh ist sehr kostengünstig. Bei der Errichtung eines Strohballenhauses ist die Mithilfe der Bauherrschaft möglich, wodurch weitere Kosten gespart werden können.

Strohballen haben sehr gute Wärmedämmeigenschaften und wirken bei einer diffusionsoffenen Bauweise als natürliche Feuchteregulierung. Bei einem Rückbau lassen sich die Materialien einfach entsorgen bzw. biologisch abbauen.

Nachteile

Für den Einsatz von Stroh als Baukonstruktion fehlen in den meisten Ländern die gesetzlichen Grundlagen sowie die Erfahrung. Es besteht vielerorts eine gewisse Skepsis gegenüber dieser unkonventionellen Bauweise. (Dies gilt weniger für Österreich, Deutschland* und die USA, wo Stroh als Baustoff mehr verbreitet ist). Die grösste Gefahr für Bauschäden bei einem Strohballenhaus ist lang anhaltende Feuchtigkeit innerhalb der Konstruktion. Bei einer fachkundigen Ausführung lassen sich Feuchtigkeitsprobleme jedoch durch konstruktive Massnahmen zuverlässig verhindern. Bei der lasttragenden Ausführung erreichen Strohballenwände beachtliche Dimensionen, was die nutzbare Wohnfläche verkleinert. Daher ist diese Bauweise in dicht bebauten, städtischen Regionen weniger geeignet.

* Bauaufsichtl. Zulassung für Stroh als Dämmstoff seit Feb. 2006

Grundelement

Stroh ist ein landwirtschaftliches Nebenprodukt, das beinahe überall in Mitteleuropa erhältlich ist. Für den Strohballenbau kommen vor allem Roggen, Weizen, Hafer und Gerste in Frage. Es sollte unbehandeltes Stroh mit guter Qualität verwendet werden. Bei der Auswahl sind unter anderem folgende Kriterien zu beachten:

• Farbe (goldgelb)
• Geruch (strohig, nicht modrig)
• Feuchte (< 14 %, raschelt)
• Unkrautanteil (gering, kein grünes Unkraut)
• Kornanteil (Restkörner < 1 %),

Strohballen sind in verschiedenen Abmessungen erhältlich. Die kleinen Ballen eignen sich für den Einsatz in Ständerbaukonstruktionen, die mittleren und grossen Ballen werden als lasttragende Konstruktion ausgeführt. Je nach Presse können die Strohballen in ihren Dimensionen variieren. Die Länge der Ballen ist nach Wunsch einstellbar.

Wandaufbau

Es wird grundsätzlich zwischen der lasttragenden Konstruktion und der Ständerbaukonstruktion unterschieden. In der Ausführung sind jeweils verschiedene Varianten möglich.

Lasttragenden Konstruktion

Diese in den USA bis heute übliche Bauweise wird nach ihrem Entstehungsort auch „Nebraska-Stil" genannt. Die Strohballen übernehmen sowohl die statische als auch die wärmedämmende Funktion. Im Fundament vertikal fixierte Stangen aus Bambus, Holz oder Stahl dienen als Verankerung der Konstruktion. Sie werden entweder an der Aussen- und Innenseite der Wand montiert oder befinden sich in der Mitte und die Strohballen werden darauf aufgespiesst. Ein Ringanker in Form einer stabilen Holzbox oder einer starken Holzlattung bildet den oberen Abschluss, um die Dachlast gleichmässig auf die darunter liegenden Strohwände zu verteilen. Nach dem Setzen der Strohballen werden die Wände innen und aussen verputzt.

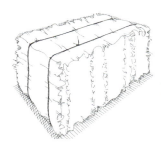

**Gängige Standardmasse
(Länge x Breite x Höhe)**

Klein: 100 x 50 x 35 cm
Mittel: 200 x 80 x 50 cm
Gross: 240 x 120 x 70 cm

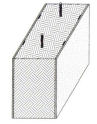

Wandaufbau lasttragende Konstruktion
(von innen nach aussen, v.r.n.l.)

Lehmputz mit Jute armiert	20 mm
Bitumenpappe	3 mm
Strohballen / Fixierungsstäbe	500 mm
Drahtgitter (optional)	2 mm
Lehmputz	20 mm
Total	545 mm

U-Wert: 0.09 W/(m²·K)

Ständerbaukonstruktion

Die Ständerbaukonstruktion kommt vor allem in Europa zur Anwendung. Die Ständer- bzw. Pfosten-Riegelkonstruktion übernimmt sämtliche statischen Funktionen, während die Strohballen als Ausfachung und Wärmedämmung dienen. Der Ausfachungsabstand beträgt üblicherweise 75 bis 100 cm. Die Wand wird aussen verputzt oder mit einer hinterlüfteten Fassade ausgeführt. Gegenüber der lasttragenden Konstruktion hat die Ständerbaukonstruktion vor allem den Vorteil, dass Fertigteilkomponenten hergestellt werden können, die einen witterungsunabhängigen Bauprozess ermöglichen. Zudem ist die Gestaltungsfreiheit grösser. Nachfolgende Isometrie zeigt eine Ständerbaukonstruktion mit einem U-Wert von 0.15 W/(m²·K), was den Vergleich mit den anderen im Buch vorgestellten Wandaufbauten ermöglicht. Aufgrund der üblich erhältlichen Strohballendimensionen sind jedoch tiefere U-Werte die Regel. Der Fassadenschnitt zeigt eine weitere Variante des Strohballenbaus mit einer Plattenkonstruktion.

Wandaufbau Ständerbaukonstruktion
(von innen nach aussen, v.r.n.l.)

Lehmputz zweilagig armiert	20 mm
Schilfputzträger	10 mm
Diagonal-Sparschalung	24 mm
Strohballen / Holzständer	290 mm
Diagonal-Sparschalung	24 mm
Windpapier	
Hinterlüftung / Konterlattung	40 mm
Stülpschalung	20 mm
Total	428 mm

U-Wert: 0.15 W/(m²·K)

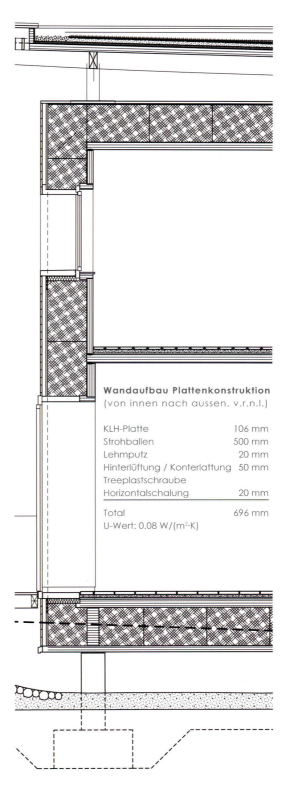

Wandaufbau Plattenkonstruktion
(von innen nach aussen, v.r.n.l.)

KLH-Platte	106 mm
Strohballen	500 mm
Lehmputz	20 mm
Hinterlüftung / Konterlattung	50 mm
Treeplastschraube	
Horizontalschalung	20 mm
Total	696 mm

U-Wert: 0.08 W/(m²·K)

Das Strohballen-Passivhaus-Büro „S-House" in A-Böheimkirchen der GrAT dient als Informationszentrum für nachwachsende Rohstoffe.

Der Ringanker in Form einer stabilen Holzbox bildet den oberen Abschluss der lasttragenden Strohballenwand. Dieser wird mit dem Fundament verspannt, um den Setzungsprozess der Strohballen zu beschleunigen.

Lasttragende Konstruktion
Die Strohballen werden aufeinander gestapelt und durch Bewehrungsstangen stabilisiert.

Ständerbaukonstruktion
Die Strohballen dienen als Ausfachung des Ständerbaus.

Raster

Ein sinnvoller Entwurf eines Strohballenhauses respektiert die Masse der Strohballen. Die Aussen- bzw. Innenmasse des Gebäudes orientieren sich am einfachsten an der Strohballenlänge. Fenster- und Türbreiten sollten die Hälfte oder ein Mehrfaches einer Strohballe betragen. Hohe, schmale Öffnungen sind breiten Öffnungen vorzuziehen, damit die Dachlasten besser verteilt werden. Bei der Ständerbauweise bezieht sich der Ständerabstand auf eine Strohballenlänge.

Montage

Da Strohballen als unkonventionelles Baumaterial noch keinen geregelten Markt besitzen und die Ernte witterungsabhängig ist, lohnt es sich, das Stroh bereits ein Jahr vor der eigentlichen Bauzeit zu organisieren, damit der Baubeginn flexibel bleibt. Je nach Pressqualität sollten bis zu 25 % mehr Ballen bestellt werden, als für das Wandvolumen berechnet wurde, da sich das Stroh in den Ballen noch setzen kann. Der Strohballenbau setzt eine trockene Montagezeit voraus.

Bei der *lasttragenden Konstruktion* werden die Strohballen wie Bausteine versetzt aufei-

nander gestapelt und durch die im Fundament verankerten Bewehrungsstangen stabilisiert. Für das Versetzen der mittleren bis
grossen Strohballen (rund 90 bis 300 kg) wird
eine Hebevorrichtung benötigt. Die fertige
Strohballenwand wird oben mit einem Ringanker abgeschlossen und mit dem Fundament verspannt. Dadurch wird die Stabilität
der Wand erhöht und ein nachträgliches
Setzen der Strohwand verhindert. Die Vor-
spannung kann mittels Gewindestangen und
Muttern oder durch Spannseile erfolgen. Fixe
Strukturelemente wie Fenster- oder Türrah-
men lassen sich nicht komprimieren, daher
müssen vor dem Abspannen oberhalb dieser
Elemente Zwischenräume gelassen werden,
die danach mit losem Stroh aufgefüllt werden. Der Setzungsprozess dauert 4 bis 8 Wochen. Danach werden die Wände verputzt.

Bei der *Ständerbauweise* wird zunächst die
Ständerkonstruktion errichtet, die danach mit
den Strohballen ausgefacht wird. Die kleinen
Strohballen (rund 15 kg) können von Hand
versetzt werden. Die Wände werden direkt
nach dem Einbau der Strohballen verputzt,
um das Stroh vor Nagetieren, Ungeziefer und
Schlagregen zu schützen. Die Strohoberflä-
chen müssen vor dem Aufbringen des Putzes
ausgerichtet und geglättet werden. Lücken

und Löcher sollten mit losem Stroh gestopft
werden. Die Fenster und Türen werden nach
dem Verputzen bzw. Verkleiden der Wände
eingebaut. Der luftdichte und wärmebrückenfreie Einbau ist eine Voraussetzung, um
Bauschäden durch Tauwasser in den Strohballenwänden zu verhindern.

Die Ständerbauweise bietet die Möglichkeit,
geschosshohe Wandelemente im Werk vor-
zufabrizieren. Dies erlaubt eine witterungsunabhängige Herstellung der Wände und einen
schnellen Bauablauf vor Ort.

Bauphysik

Wärmeschutz

Strohballen mit einer Rohdichte ρ von ca.
100 kg/m³ haben eine Wärmeleitfähigkeit λ
von rund 0.045 W/(m·K), was den Werten üblicher Dämmmaterialien entspricht. Dieser Wert
kann je nach Dichte, Feuchtigkeitsgehalt und
Halmrichtung leicht variieren. Die spez. Wärmekapazität c eines Strohballens liegt bei
2.0 kJ/(kg·K), was bei einer Strohballendicke
von 35 bis 120 cm eine spez. Wärmespeicherfähigkeit von ca. 70 bis 240 kJ/(m²·K)
ergibt. Mit den beachtlichen Wandstärken
von Strohballenwänden werden U-Werte von
0.15 W/(m²·K) meist deutlich unterschritten.

◄
Bei Strohballenbauten mit Aussenputz sind die abgerundeten Gebäudekanten ein typisches Merkmal.

Tragverhalten

Strohballen sind vergleichsweise weich und elastisch. Bei Belastungen entsteht eine Stauchung des Materials. In lasttragender Bauweise haben Strohballenwände eine Belastbarkeit von ca. 0.03 N/mm². Die Last muss im Zentrum der Wand senkrecht übertragen werden. Wände, deren Höhe das Siebenfache eines Strohballens überragen, haben die Tendenz, instabil zu werden.

Schädlinge

Grundsätzlich sind trockene Strohballen für Schädlinge nicht interessant. Um jedoch einem eventuellen Schädlingsbefall durch Insekten vorzubeugen, ist es sinnvoll, die Strohballenwände zu verputzen bzw. zu verkleiden. Bei Hinterlüftungsebenen sind übliche Insektenschutzgitter anzubringen. Das Einnisten von Mäusen wird durch sehr dichte Strohballen frei von Restkörnern verhindert. Zusätzlich können noch Metallgitter angebracht werden.

Feuchteverhalten

Lang anhaltende Feuchtigkeit in der Konstruktion führt zu Fäulnis und Pilzbildung, was eine Strohballenwand zerstören kann. Es ist daher sehr wichtig, das gepresste Stroh trocken zu lagern und die Konstruktion während des ganzen Bauvorgangs vor Feuchtigkeit zu schützen. Der maximale Feuchtegehalt des Strohballens sollte 15 % nicht überschreiten. Bei einer sorgfältigen, dampfdiffusionsoffenen Ausführung der Strohballenwand sind bezüglich Kondensats in der Konstruktion grundsätzlich keine Probleme zu erwarten. Anders als die meisten anderen pflanzlichen Dämmstoffe werden Strohballen vollkommen unbehandelt, ohne Borax, Wasserglas oder Ammonium-Sulfat verwendet.

Schallschutz

Aus der Praxis ist bekannt, dass verputzte Strohballenwände einen guten Schallschutz bieten. Je nach Konstruktion mit Putzen, Platten oder Schalungen sind Schalldämmwerte R_w von über 50 dB zu erreichen.

Brandschutz

Brennbarkeitsprüfungen in Wien (MA 39) und München (FIW) haben für gepresstes Stroh mit einer Rohdichte zwischen 90 – 125 kg/m³ die Brennstoffklasse E bzw. B2 ergeben, das heisst «normal entflammbar». Je nach Wandaufbau hat eine Strohballenwand einen Feuerwiderstand von 30 bis über 90 Minuten. Durch entsprechende Verputze aus Lehm oder Kalk bzw. Verschalungen mit brandbeständigen Platten kann der Brandschutz bedeutend ver-

bessert werden. Auf der Baustelle ist dennoch erhöhte Vorsicht geboten, da sich loses, herumliegendes Stroh leicht entflammen kann.

Produktion

Mit dem Mähdrescher wird das Korn vom Stroh getrennt. Das auf dem Feld liegen gebliebene Stroh wird von der Strohballenpresse aufgenommen und zu 5 bis 10 cm dicken Lagen zusammengepresst. Diese Lagen werden aneinander geschichtet, bis die gewünschte Ballenlänge erreicht ist. Gebunden werden die Ballen mit 2 bis 6 Polypropylen-Schnüren, Sisalschnüren, Draht oder Metallbändern. Für den Bau entscheidend ist eine hohe Qualität der Strohballen. Die Ballen sollten frei von grünem Unkraut und Restkörnern sein und möglichst gleichmässig und mit konstanter Dichte gepresst werden. Eine Rohdichte von 90 bis 180 kg/m³ ist realisierbar.

Ökologie

Da Stroh als landwirtschaftliches Nebenprodukt anfällt, beschränkt sich die Herstellungsenergie auf die Energie, die zum Pressen der Strohballen benötigt wird. Dank der grossen Verfügbarkeit von Stroh können die Transportwege kurz gehalten werden. Im Vergleich zu herkömmlichen Wandkonstruktionen benötigen Strohwände lediglich einen Zehntel der Primärenergie.

Holz, Lehm und Stroh als wesentliche Bestandteile von Strohballenhäusern enthalten keine Schadstoffe, wachsen nach und sind in grossen Mengen verfügbar. Bei einem allfälligen Rückbau dieser langlebigen Konstruktion können die Materialien einfach wiederverwertet, entsorgt oder kompostiert werden.

Wirtschaftlichkeit

Stroh ist mit einem Preis von 7.- bis 40.- € pro m³ ein sehr kostengünstiger Baustoff. Die Kosten für eine fertige Strohballenwand sind stark von der gewählten Konstruktion und der erbrachten Eigenleistung abhängig. Insbesondere die Ständerbauweise, die viel Handarbeit verlangt, kann zeitaufwändig sein. Hier liegen die Kosten im Bereich von 150.- € pro m². Lasttragende Wände können für ca. 100.- bis 130.- € pro m² realisiert werden. Da sich gewisse Arbeiten bei der Errichtung eines Strohballenhauses gut für eine Mitarbeit der Bauherrschaft und weiteren Helfern eignen, können durch entsprechende Eigenleistung wesentliche Baukosten gespart werden. Das Einsparpotenzial liegt je nach Umfang und Kompetenz bei Stroh- und Lehmarbeiten bei ca. 20 – 50 %.

Architektur: Mag. Arch. Werner Schmidt, CH-7166 Trun
Bauherrschaft: Fam. Braun-Dubuis, CH-7180 Disentis

Gebäudebeispiel

In Disentis, auf 1300 m ü. d. M., ist im Jahr 2002 ein aussergewöhnliches Einfamilienhaus entstanden. 120 cm dicke Jumboballen aus Stroh bilden die tragenden Wände dieses Gebäudes. Die riesigen Strohballen können die Lasten der zwei Geschosse sowie die Schneelasten von 650 kg/m² aufnehmen. Der 4 cm starke Verputz mit zwei Netzeinlagen hilft ebenfalls mit, die enormen Lasten zu tragen. Die Strohballen (L: 240 cm, B: 120 cm, H: 70 cm) haben ein Gewicht von 320 kg. Mit einem U-Wert von 0.04 W/(m²·K) ist eine optimale Wärmedämmung gewährleistet.

Um teure Stützmauern in der Hanglage zu vermeiden und um zu garantieren, dass von unten keine Feuchtigkeit in die Strohballen gelangt, steht das Haus auf einer Stahlbetonplatte, die talseitig von Stützen mit Punktfundamenten getragen wird. Nach Errichten der Strohballenwände wurden diese mit Kunststoffbändern zur Bodenplatte hin verspannt. Ein Ringbalken aus Dreischichtplatten bildet den oberen Abschluss der Wände. Nach einem vierwöchigen Prozess des Setzens und Nachspannens hat sich die Gesamtkonstruktion um beachtliche 30 cm gesetzt.

Das nach dem Passivhausprinzip gebaute Gebäude kommt ganz ohne Heizung aus. Ein Schwedenofen ist nur für den Notfall vorhanden. Die Warmwasseraufbereitung geschieht über Sonnenkollektoren, die unten an der Südterrasse angebracht sind. Die Lüftung der Räume erfolgt manuell, was ein entsprechendes Benutzerverhalten voraussetzt. Der jährliche Gesamtenergieverbrauch dieses Einfamilienhauses bewegt sich zwischen 30 und 35 kWh/m²a für Heizung, Warmwasser und Elektrizität.

U-Werte	W/(m²·K)
Wände	0.04
Dach	0.07
Boden	0.10
Fenster	0.70

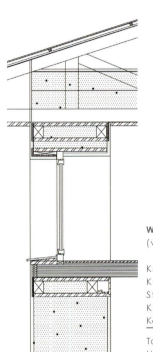

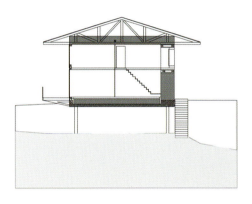

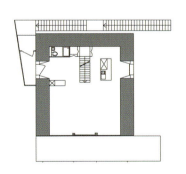

Wandaufbau
(von innen nach aussen, v.r.n.l.)

Kalkfertigputz / Kunststoffgitter	5 mm
Kalkgrundputz / Metallgitter	40 mm
Strohballen	1200 mm
Kalkgrundputz / Metallgitter	40 mm
Kalkfertigputz / Kunststoffgitter	5 mm
Total	1290 mm

U-Wert: 0.04 W/(m²·K)

Architektur: Architekten Scheicher ZT GmbH, A - 5421 Adnet 241
Bauträger, Forschung und Entwicklung: GrAT – Gruppe Angepasste Technologie, TU Wien
Projektleitung: Dr. Robert Wimmer, Projektteam: DI Hannes Hohensinner, Dr. Manfred Drack

Gebäudebeispiel

In Böheimkirchen (A) wurde im September 2005 das von GrAT und Architekten Scheicher entwickelte und geplante S-HOUSE eröffnet. Das Demonstrationsgebäude ist nahezu ausschliesslich mit Baustoffen aus nachwachsenden Rohstoffen errichtet. Durch den Einsatz von Holz und Stroh ergibt sich ein um den Faktor 10 verringerter Ressourcenverbrauch gegenüber herkömmlichen Bauten.

Das S-HOUSE wurde so konzipiert, dass eine leichte Demontage und gute Rezyklierbarkeit aller Komponenten möglich ist. Die innen liegenden KLH-Platten, welche die Tragstruktur bilden, sind von aussen mit einer 50 cm dicken Strohballendämmung eingepackt. Mit speziell entwickelten Schrauben aus Biokunststoff (TREEPLAST) ist die Fassadenkonstruktion wärmebrückenfrei an die Dämmebene montiert. Die gesamte Gebäudehülle (Wand, Dach und Boden) erreicht den U-Wert von 0,08 W/(m²·K). Die Luftdichtheit ist durch die Holzplattenkonstruktion gewährleistet.

Der Heizbedarf von nur 6 kWh/m²a wird durch einen neu entwickelten Biomasse-Speicherofen gedeckt. Das abgesetzte, begrünte Dach mit Kautschukmembran sorgt für die sommerliche Beschattung. Mittels eines umfassenden Messkonzeptes werden die wichtigsten bauphysikalischen Parameter laufend überprüft und ausgewertet und geben Auskunft über die Langzeitfunktionalität der eingesetzten Baustoffe und Konstruktionen. Diese und weitere interessante Aspekte über nachhaltiges Bauen mit nachwachsenden Rohstoffen werden den Besuchern in einer Ausstellung im S-HOUSE vermittelt.

U-Werte	W/(m²·K)
Wände	0.08
Dach	0.08
Boden	0.08
Fenster	0.80

Wandaufbau

(von innen nach aussen, v.r.n.l.)

KLH-Platte	106 mm
Strohballen	500 mm
Lehmputz	20 mm
Hinterlüftung / Konterlattung	50 mm
mit Treeplastschraube befestigt	
Horizontalschalung	20 mm
Total	696 mm

U-Wert: 0.08 W/(m²·K)

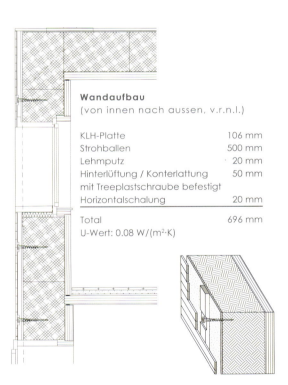

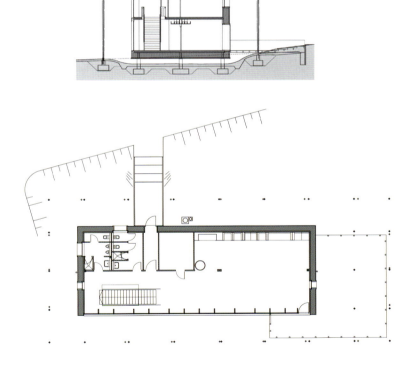

Kontaktinfos

Gruppe Angepasste Technologie, A-Wien
www.grat.at, www.s-house.at

Fachverband Strohballenbau Deutschland e.V.
www.fasba.de

Mag. Architekt Werner Schmidt,
www.atelierwernerschmidt.ch

53

Solarpufferwand

Solarpufferwand

Die Solarpufferwand unterscheidet sich in ihrer Funktionsweise ganz wesentlich von den meisten in diesem Buch beschriebenen Wandkonstruktionen. Anstatt einen sehr niedrigen U-Wert anzustreben, ist das Ziel der Solarpufferwand, durch die Aufnahme von Sonnenenergie eine möglichst ausgeglichene Energiebilanz der Fassade zu erreichen. Entscheidend ist das dynamische Verhalten der Wand über den Tag-Nachtzyklus. Die den Tag durch absorbierte Sonnenenergie lässt die Wand nachts nur langsam abkühlen und reduziert somit die Transmissionswärmeverluste. Ein Beispiel einer Solarpufferwand ist das 1998 von einem Architekten entwickelte Lucido®-System. Bisher sind etwa 30 Gebäude mit dieser Wandkonstruktion gebaut worden.

Systembeschrieb

Herzstück der Solarpufferwand ist ein mit Lamellen versehener Massivholzabsorber. Zusammen mit einer hinterlüfteten Aussenverkleidung aus Solarglas bildet er das Grundelement der Fassade. Dahinter steht eine frei wählbare Tragstruktur mit konventioneller Dämmung.

Die Strahlen der tief stehenden Wintersonne dringen durch das Solarglas in die Holzlamellenstruktur ein, werden absorbiert und in Wärme umgewandelt. Genauso langsam wie der Holzabsorber die Wärme den Tag durch aufnimmt, gibt er diese nach Sonnenuntergang wieder ab. Während einer Zeitspanne von vier bis zwölf Stunden ist dieser Puffer wirksam und reduziert so wirkungsvoll die Wärmeverluste durch die Wand. Im Sommer, wenn die Sonne hoch steht und keine Erwärmung der Fassade erwünscht ist, findet eine gegenseitige Verschattung der Holzlamellen statt, was die Überhitzungsgefahr stark mindert.

Anwendungsbereich

Das System mit Solarpufferwand ist bisher bei Wohnhäusern und bei öffentlichen Gebäuden, wie Kindergärten oder Turnhallen, eingesetzt worden. Es eignet sich sowohl für Neubauten als auch für Sanierungen. Voraussetzung für eine optimale Anwendung des Systems ist eine möglichst gut besonnte Lage des Gebäudes. Mehrgeschossiges Bauen ist möglich, aufgrund des Brandverhaltens jedoch ab drei Stockwerken nur mit Auflagen.

Vorteile

Dank der Wirkung der Sonneneinstrahlung kann die Heizsaison eines Gebäudes mit Solarpufferwänden bedeutend verkürzt werden. Trotz den vergleichsweise geringen Dämmstärken wird eine Energiebilanz erreicht, die sich mit hoch wärmegedämmten Konstruktionen vergleichen lässt. Die sehr schlanken Wände minimieren den Materialverbrauch und viel wertvolle Wohnfläche bleibt erhalten. Da sich die Solarpufferwand mit verschiedenen Wandkonstruktionen kombinieren lässt, besteht eine grosse Freiheit bezüglich der Auswahl der Tragstruktur und den Materialien. Die Konstruktion lässt sich vollständig demontieren, was das Auswechseln einzelner Elemente wie auch den Rückbau einfach macht. Das System verspricht eine überdurchschnittliche Lebensdauer.

Nachteile

Die hier beschriebene Solarpufferwand ist immer noch in der Prototyp-Phase. Es sind zwar schon viele Erfahrungen anhand von gebauten Beispielen gesammelt worden, die Weiterentwicklung des Systems wird aber fortlaufend optimiert und verbessert. Die Kosten für eine derartige Solarpufferwand sind daher noch relativ hoch.

Die Voraussetzung einer möglichst gut besonnten Lage schränkt den Anwendungsbereich der Solarpufferwand ein. Auch Standorte mit erhöhter Verschmutzungsgefahr durch Russ- und Staubpartikel schwächen die Durchlässigkeit des Solarglases und erfordern zusätzlichen Reinigungsaufwand. Die Nordfassade profitiert im Winter in Anbetracht der hohen Kosten des Wandaufbaus zu wenig von der Sonneneinstrahlung.

Grundelemente

Absorber

Kernstück des Solarpufferwand-Systems ist der 40 mm dicke Holzabsorber mit Lamellenstruktur aus massivem Tannen- oder Lärchenholz. In einem Abstand von 5 mm werden 8 mm breite, leicht nach unten geneigte Schlitze eingefräst. Der vorfabrizierte Holzabsorber hat eine Höhe von 118 mm und ist in einer Länge von 5 m oder 6 m erhältlich. Die einzelnen Absorber-Elemente werden mit Nut und Kamm miteinander verbunden.

Das Holz bleibt je nach Wunsch naturbelassen oder wird eingefärbt. Um eine möglichst gute Absorption der Sonneneinstrahlung zu erreichen, müssen die gewählten Farben einen Schwarzanteil von mindestens 50 % haben. Bei der Holzwahl wird aus Kostengründen meistens Tanne gewählt. Lärchenholz wäre jedoch aufgrund seiner Masse und der Langlebigkeit zu bevorzugen.

Solarglas

Das eingesetzte Solarglas ist ein eisenarmes Gussglas, das mit einem g-Wert (Gesamtenergiedurchlassgrad) von 92 % die Sonnenenergie möglichst gut durchlässt.

Die leicht strukturierte Oberfläche dieser wetterfesten Verglasung reduziert die Reflexion der Sonneneinstrahlung. Um den thermischen und mechanischen Belastungen, denen die Fassade ausgesetzt ist, besser standzuhalten, ist das Glas gehärtet. Das 4 mm dicke Glas wird auf die gewünschte, individuelle Grösse hergestellt. Sogar nicht orthogonale Formen sind möglich. Die maximal erhältliche Glasplattengrösse beträgt 2 x 3 m. Die Glashalterung kann je nach Wunsch aus Holz, Aluminium oder Chromstahl gewählt werden. Auch Glasfassaden mit Silikonfugen oder Gummiprofilen sind auf Anfrage realisierbar.

Wandaufbau leicht (S-/E-/W-Fassade)
(von innen nach aussen / v.r.n.l)

Innenverkleidung	10 mm
Gipsfaserplatte (luftdicht)	15 mm
Zellulose-Dämmung	120 mm
Gipsfaserplatte (winddicht)	15 mm
Lucido®-Absorber	40 mm
Luftspalt / Glashalterung	16 mm
Solarglas	4 mm
Total	220 mm

$U\text{-Wert}_{statisch}$: $0.33\ W/(m^2 \cdot K)$
$U\text{-Wert}_{effektiv,\ Okt.-April,\ Süd-Fassade}$: $0.04\ W/(m^2 \cdot K)$
$U\text{-Wert}_{effektiv,\ Okt.-April,\ E-/W-Fassade}$: $0.11\ W/(m^2 \cdot K)$

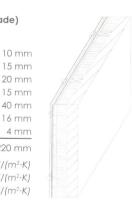

Wandaufbau massiv (S-/E-/W-Fassade)
(von innen nach aussen / v.r.n.l)

Innenputz	1 mm
Backstein (luftdicht)	150 mm
Steinwolle	120 mm
Gipsfaserplatte (winddicht)	15 mm
Lucido®-Absorber	40 mm
Luftspalt / Glashalterung	16 mm
Solarglas	4 mm
Total	346 mm

$U\text{-Wert}_{statisch}$: $0.28\ W/(m^2 \cdot K)$
$U\text{-Wert}_{effektiv,\ Okt.-April,\ S-Fassade}$: $0.04\ W/(m^2 \cdot K)$
$U\text{-Wert}_{effektiv,\ Okt.-April,\ E-/W-Fassade}$: $0.10\ W/(m^2 \cdot K)$

Wandaufbau

Die Solarpufferwand lässt sich mit einer beliebigen, gedämmten Tragkonstruktion kombinieren. Der Holzabsorber mit den eingefrästen Lamellen wird zusammen mit der Glashalterung an die Tragstruktur geschraubt. Dann kann das Solarglas montiert werden. Ein Luftspalt zwischen dem Holzabsorber und dem Solarglas sorgt für die notwendige Hinterlüftung, um Wasserdampf und erhitzte Luft nach aussen abzuführen.

Als Beispiel für den Wandaufbau wird hier eine Variante in Leichtbauweise sowie eine Massivbauweise vorgestellt. Der Wandaufbau unterscheidet sich je nach Orientierung der Fassade bezüglich der Dämmstärke. Die Nordfassade wird mit 160 mm, die Süd-, Ost- und Westfassade mit 120 mm Dämmung versehen. Diese Dämmstärken entsprechen einer Fassade, die für das Klima im Schweizer Mittelland geeignet ist. Die *statischen* U-Werte liegen je nach Wandaufbau in einem Bereich von 0.22 – 0.33 W/(m²·K). Die *effektiven* U-Werte erreichen unter der Berücksichtigung der Solarpufferwirkung für die Monate Oktober bis April Werte zwischen 0.04 – 0.13 W/(m²·K).

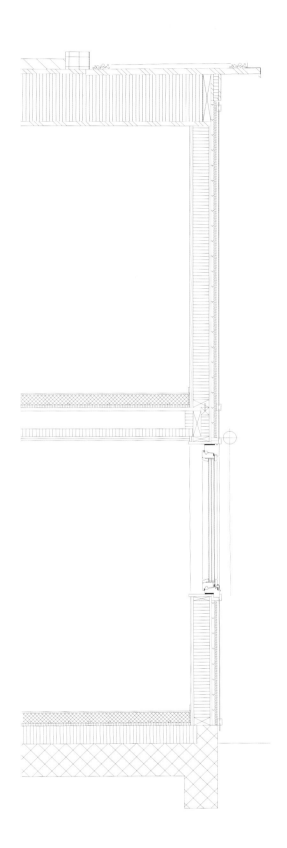

Wandaufbau leicht (Nord-Fassade)

Zusätzliche Zellulose-Dämmung	40 mm
Total	260 mm
U-Wert$_{statisch}$:	0.26 W/(m²·K)
U-Wert$_{effektiv, Okt.-April}$:	0.13 W/(m²·K)

Wandaufbau massiv (Nord-Fassade)

Zusätzliche Steinwolle-Dämmung	40 mm
Total	386 mm
U-Wert$_{statisch}$:	0.22 W/(m²·K)
U-Wert$_{effektiv, Okt.-April}$:	0.11 W/(m²·K)

◄
Zwischen den Lamellen des Massivholzabsorbers wird die Glashalterung angeschraubt. Die einzelnen Wandabschnitte werden rundum mit Schaumstoff (schwarz) abgedichtet.

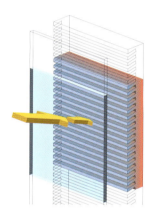

Schema Winter
Flache Sonneneinstrahlung im Winter. Die Lammellenstruktur des Absorbers erzeugt eine vielfach grössere Oberfläche für die Absorption der Solarstrahlung.

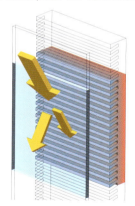

Schema Sommer
Steile Sonneneinstrahlung im Sommer. Die winkelselektive Lamellenstruktur bewirkt eine Eigenverschattung und reduziert die Überhitzungsgefahr.

Raster

Die Grundelemente der Solarpufferwand sind nicht an ein Raster gebunden. Die einzige Limitierung ist die maximal erhältliche Plattengrösse für das Solarglas. Der Holzabsorber wird nach seinen Grundmassen vorfabriziert und kann dem Bauprojekt entsprechend zugeschnitten werden. Die Rasterung der Fassade, die sich durch die Rahmenprofile der Glashalterung ergibt, wird für jedes Objekt individuell gestaltet. Das System ermöglicht grosse gestalterische Freiheiten.

Montage

Da die Solarpufferwand an kein spezielles Tragsystem gebunden ist, unterscheidet sich der Bauablauf je nach Objekt. Es besteht insbesondere in Kombination mit der Leichtbauweise die Möglichkeit der Vorfabrikation im Werk. Dort werden die kompletten Wände inklusive Solarglas und Fenster fertig gestellt und dann zur Baustelle transportiert.
Es kommt auch vor, dass die ganze Konstruktion vor Ort auf der Baustelle aufgebaut wird, wie zum Beispiel bei Mauern aus Backstein oder Beton.

Bauphysik

Wärmeschutz

Die Solarpufferwand ist mit einer konventionellen, 120 bis 160 mm starken Wärmedämmung versehen (U-Wert$_{statisch}$ = 0.22 – 0.33 W/(m²·K)), was nicht dem Niveau eines Passivhauses entspricht (U-Wert ≤ 0.15 W/(m²·K)). Der nötige Ausgleich wird durch die Wärmegewinne der Sonneneinstrahlung geschaffen, woraus die *effektiven* U-Werte im Bereich von 0.04 – 0.13 W/(m²·K) resultieren.

Der Ertrag durch die Solarpufferwand hängt stark vom Klima, der jährlichen Sonneneinstrahlung und der Orientierung der einzelnen Fassaden ab. Den grössten Effekt erzielt die Solarpufferwand ab Anfang Februar bis April und von Oktober bis Ende November. In den Monaten Dezember und Januar ist die Solarstrahlung eingeschränkt, wobei der *statische*

U-Wert auch bei dieser schwachen Strahlung um bis zu 33 % verbessert werden kann. In dieser Zeit profitiert hauptsächlich die Südfassade von den Wärmegewinnen, aber die Ost- und Westfassaden liefern ebenfalls einen nützlichen Beitrag. Dank den Solargewinnen verbessert sich die Energiebilanz der Fassaden und die Heizperiode wird bedeutend verkürzt.

Die beschriebene Solarpufferwand hat für die Südfassade in Leichtbauweise eine eff. Masse von 80 kg/m², bei der Ausführung in Massivbauweise beträgt der Wert 230 kg/m². Die spezifische Wärmespeicherfähigkeit beträgt 95 kJ/(m²·K) für die Leichtbauweise und 215 kJ/(m²·K) für die Massivbauweise. Die Wärmeleitfähigkeit λ liegt bei ca. 0.05 W/(m·K).

	Süden	Norden	Osten	Westen
Zürich	0.07	0.17	0.12	0.12
Stockholm	0.10	0.20	0.16	0.16
Moskau	0.03	0.16	0.10	0.10
Rom	-0.54	-0.02	-0.26	-0.27

U$_{effektiv}$ in W/(m²·K), bilanziert über die Periode von Oktober bis April, U$_{statisch}$ = 0.3 W/(m²·K)

Tragverhalten

Der Holzabsorber und das Solarglas sind nur die äussere Verkleidung einer Wand und haben keine statische Funktion. Die Tragstruktur wird von der dahinter liegenden Wandkonstruktion gebildet.

Feuchteverhalten

Die Solarpufferwand ist eine dampfdiffusionsoffene Konstruktion. Es kommt sorptionsfähiges Dämmmaterial zum Einsatz, das die Feuchtigkeit gut aufnehmen kann (z. B. Zellulose). Der Holzabsorber aus technisch getrocknetem Holz bleibt durch die zirkulierende Luft zwischen dem Absorber und dem Solarglas immer trocken. Die Holzfeuchte beträgt rund 10 %. Kleine Formänderungen durch Quellen und Schwinden kommen vor, können aber innerhalb der Konstruktion aufgenommen werden.

Schallschutz

Der Schalldämmwert einer Solarpufferwand hängt von der Materialwahl und Ausführung des dahinter stehenden Wandaufbaus ab. Bei der Konstruktion in Leichtbauweise beträgt der Schalldämmwert $R_w = 42 – 43$ dB. Der Wandaufbau in Massivbauweise kann einen Wert von 52 – 54 dB erreichen.

Brandschutz

Das Brandverhalten dieser Solarpufferwand mit Holzabsorber ist schlecht. Dies hat zur Folge, dass die maximal zulässige Bauhöhe eines solchen Gebäudes lediglich drei Stockwerke beträgt. Bei höheren Gebäuden sind Einzelzulassungen in Absprache mit der Feuerpolizei möglich, bei denen Brandabschottungen zwischen den einzelnen Stockwerken für den nötigen Brandschutz sorgen.

Produktion

Die Herstellung des Massivholzabsorbers findet in der Schweiz statt. Der Holzabsorber wird in einer Holzbaufirma mit FSC-Holz hergestellt. Das FSC-Label garantiert, dass Holz aus umwelt- und sozialverträglich bewirtschafteten Wäldern stammt. Der Absorber wird dem Bauprojekt entsprechend produziert und geschnitten.

Das Solarglas stammt aus Deutschland. Es ist ab Lager erhältlich und wird auf die gewünschte Grösse zugeschnitten. Die Herstellung des restlichen Wandaufbaus hängt von der gewählten Konstruktion ab.

Ökologie

Trotz der Wirkung des Solarpuffers ist es wichtig, die dahinter stehende Wand mit 120 bis 160 mm zu dämmen, um die nächtlichen Wärmeverluste zu reduzieren. Diese Dämmschicht ist aber nur etwa halb so stark wie bei herkömmlichen Wänden für Passivhäuser. Dadurch wird Material gespart und die Ressourcen geschont.

Da das Holz für den Absorber aus regionalen, nachhaltig bewirtschafteten Wäldern stammt, lokal verarbeitet wird und unbehandelt eingesetzt werden kann, ist die Ökobilanz der Solarpufferwand positiv beeinflusst. Das Solarglas ist zwar in der Herstellung sehr energieintensiv, kann aber sehr gut wiederverwertet werden. Tatsächlich kann die Solarpufferwand in ihre Einzelbestandteile zerlegt und die Grundelemente in einem Recyclingprozess neu aufbereitet werden.

Wirtschaftlichkeit

Entsprechend der Ausbildung der Grundkonstruktion sind die Kosten für eine Solarpufferwand sehr unterschiedlich. Weitere Faktoren für den Preis sind die Glasdimensionen, die Art der Befestigungsprofile (Holz oder Metall) und die Fensteranschlüsse. Die Kosten betragen je nach Ausbildung mindestens 250.- bis 400.- € pro m².

Diese hohen Kosten der Solarpufferwand sollten jedoch etwas differenzierter betrachtet werden. Je nach Standort des Gebäudes und den entsprechenden Bodenpreisen zahlen sich die Mehrkosten der Gebäudehülle gegenüber dem Mehrwert der grösseren Nutzfläche wieder aus.

Architektur: **FENT SOLARE ARCHITEKTUR, Giuseppe Fent Architekt HTL, CH-9500 Wil**
Bauherrschaft: **Familien Frei und Ruckli, CH-6339 Cham**

Gebäudebeispiel

Auf einem Grundstück mit schwieriger Geometrie und kleiner Fläche entstand im Jahr 2000 das Doppeleinfamilienhaus Frei-Ruckli in Cham. Nicht zuletzt wegen dem teuren und knappen Bauland entschied sich die Bauherrschaft für die Solarpufferfassade Lucido®. Hier ist erstmals ein 80 mm dicker Holzabsorber eingesetzt worden. Zuvor wurden jeweils 60 mm starke Absorber verwendet, in der Zwischenzeit hat sich ein noch schlankeres Mass von 40 mm durchgesetzt. Die Tragkonstruktion ist mit verleimtem Massivholz (Blockholz) in Tafelbauweise ausgeführt. Boden und Dach sind sehr gut wärmegedämmt, die Fenster sind mit Dreifach-Isolierglas ausgeführt.

Die beiden Häuser brauchen praktisch keine Fremdenergie. Ein Ster Holz (1 m^3 lose) reicht der Familie Ruckli mit 3 Kindern für Warmwasser und Heizung. Die Häuser haben je eine Holzheizung mit Bodenheizung. Auf dem Dach sind 40 m^2 thermische Kollektoren angeordnet. Das Regenwasser wird in einem Tank gesammelt und für die Waschmaschine, Toiletten und Garten genutzt. Die Familie Ruckli braucht etwa 1800 kWh elektrische Energie für den Haushalt. Der gerechnete Heizenergiebedarf beträgt 12.5 kWh/m^{2}a. Das Gebäude kostet rund € 420.- pro m^3.

U-Werte	W/(m^2·K) statisch	W/(m^2·K) effektiv, Okt. – April
Südfassade	0.23	0.02
Ostfassade	0.23	0.09
Westfassade	0.23	0.08
Nordfassade	0.20	0.12
Dach	0.13	
Boden (Keller)	0.15	

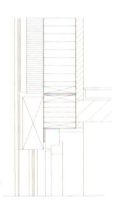

Wandaufbau (S/E/W)
(von innen nach aussen, v.r.n.l.)

Blockholzwand	35 mm
Zelluloseplatten	160 mm
Windpapier	1 mm
Lucido®-Absorber	80 mm
Luftspalt	20 mm
Solarglas	4 mm
Total	300 mm

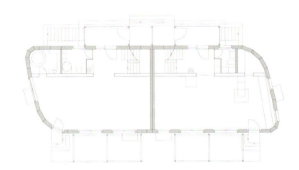

Kontaktinfos

Ansprechpartner für das beschriebene Lucido®-System ist die Lucido Solar AG in CH-9500 Wil. www.lucido-solar.com

Ein weiteres Solarpufferwand-System mit Kartonwaben und Holzfaserdämmplatte bietet die Firma Pavatex AG an. www.pavagap.ch

Massivholz

Massivholz

Die Massivholzkonstruktion vereint die Vorteile von Holz und Massivbauweise in einem System. Bei dieser Konstruktion hat das massive Holz genügend Volumen und Stabilität, um tragend zu sein und zugleich für ein ausgeglichenes Raumklima zu sorgen. Als Beispiel für eine Massivholzkonstruktion wird hier KlimaTherm© vorgestellt. Diese dreischichtig verleimte Massivholzplatte mit geschlitztem Kern dient als Basis des Wandaufbaus. Das erste Haus dieser Art wurde 1998 gebaut. Inzwischen ist das System bei rund 100 Gebäuden erfolgreich eingesetzt worden.

Systembeschrieb

Die hier beschriebene Massivholzkonstruktion gibt es in zwei Varianten. Der erste und meistverwendete Wandaufbau wird mit einer hinterlüfteten Aussenverkleidung ausgeführt, die zweite Variante ist eine Kompaktfassade, die einen schlankeren Wandaufbau erlaubt und als verputzte Aussenhülle eingesetzt wird.
Basiselement beider Varianten ist eine dreischichtig verleimte Massivholzplatte, deren mittlere Schicht mit Schlitzen versehen ist. Diese 70 bis 80 mm starke, tragende Platte aus Fichte oder Tanne bildet die warmseitige Schicht des Wandaufbaus.
Mit einer Aussendämmung von rund 220 mm erreicht dieses Wandsystem den für ein Minergie-P- oder Passivhaus nötigen Wärmeschutz.

Anwendungsbereich

Die bisher realisierten Gebäude sind vorwiegend im Bereich von Einfamilienhäusern, Anbauten und Aufstockungen einzuordnen. Ein Mehrfamilienhaus ist bis zu sechs Stockwerken möglich. Die Massivholzkonstruktion kann für Aussen- und Innenwände eingesetzt werden.
Entsprechend der Philosophie der Hersteller und Entwickler dieses Bausystems werden fast ausschliesslich Gebäude mit einem sehr hohen Energiestandard realisiert. Die meisten Objekte erfüllen den schweizerischen Minergie-Standard, einige sogar den noch besseren Minergie-P-Standard, der sich mit dem international anerkannten Passivhausstandard vergleichen lässt.

Vorteile

Dieses Bausystem zeichnet sich durch die rationelle Vorfertigung und die kurze Montagezeit auf der Baustelle aus. Die vorgefertigten Bauteile sind massgenau und sorgen für eine präzise Montage und hohe Qualität des Baus. Die Installationen werden werkseitig bereits in das System eingebaut. Die hohen Qualitätsansprüche der Konstruktion bestätigen sich durch das Gütesiegel VGQ des Schweizer Verbands für geprüfte Qualitätshäuser.

Das System wird immer als atmungsaktive Gebäudehülle ausgeführt und hat generell keine Dampfsperren. Die Konstruktion ist an kein Raster gebunden und erlaubt daher architektonische Freiheiten.

Durch die Auswahl von lokalen Systempartnern werden unnötige Transportemissionen vermieden, was sich zusammen mit der um-weltverträglichen Materialwahl positiv auf den Grauenergiewert der Konstruktion auswirkt. Der schlanke Wandaufbau hilft, Ressourcen zu schonen und möglichst viel Wohnfläche zu erhalten.

Nachteile

Das Bausystem ist ausschliesslich über die Kernfirma FormaTeam erhältlich und darf nur von zertifizierten und geschulten Lizenzbetrieben produziert werden. Allerdings können Architekten direkt mit FormaTeam zusammenarbeiten und deren Grad der Bauprojektbegleitung selber bestimmen.

Durch die Produktion und Planung mit lokalen Partnern liegen die Kosten dieser Konstruktion etwas höher als bei vergleichbaren Systemen mit Produktion im Ausland.

Wandaufbau

Die Massivholzkonstruktion kann als hinterlüftete Fassade oder als Kompaktfassade ausgeführt werden. Die Massivholzplatte, das Basiselement der Konstruktion, kommt auf der warmen Seite der Wand zu liegen und kommt deshalb ohne chemischen Holzschutz aus. Es besteht die Möglichkeit, die Massivholzplatte als Sichtfläche auszuführen. Dabei kann die Oberfläche entweder unbehandelt belassen oder mit diffusionsoffenen Anstrichen (Wachsen, Ölen) behandelt werden. Eine herkömmliche Innenverkleidung z. B. mit einer Gipsfaserplatte oder mit Glasfliestapeten ist ebenfalls möglich.

Die Stärke der Aussendämmung wird entsprechend den Anforderungen an den U-Wert der Wand gewählt. Bei der hinterlüfteten Fassade besteht die Dämmung aus zwei Lagen; eine Mitteldämmung und eine Aussendämmung. In der Schicht der Mitteldämmung sorgen vertikale und horizontale Rippen für die nötige Biegesteifigkeit der Konstruktion. Die Latten für die Befestigung der Aussenverkleidung werden durch die Aussendämmschicht hindurch mit Distanzschrauben an diesen Rippen befestigt, was zu einer Minimierung der Wärmebrücken führt.

Der Gestaltung der Aussenverkleidung sind keine Grenzen gesetzt. Von einer Holzverkleidung, Putzsystemen, Faserzementplatten bis zu Glas- oder Keramikfassadensystemen ist alles denkbar.

Die Ausführung als Kompaktfassade erlaubt noch schlankere Wandstärken bei gleichem U-Wert. Mit einem dampfdiffusionsoffenen Klebstoff wird eine vollflächige Dämmschicht (z. B. Steinwolle) aufgebracht, die aussen in verschiedenen Putz- und Farbvarianten gestaltet werden kann. Bei grossen Dämmstärken kommen für die Befestigung zusätzlich Kunststoffdübel zum Einsatz. Die Winddichtigkeit der Aussenhaut wird einerseits durch das passgenaue Zusammenfügen der Massivholzplatten und andererseits durch die vollflächige Aussendämmung erreicht.
Mit einer Dämmstärke von 22 cm entsteht eine Passivhaus taugliche Wand mit einem U-Wert von 0.15 W/(m²·K).

Wandaufbau hinterlüftete Fassade
(von innen nach aussen / v.r.n.l.)

Gipsfaserplatte	15 mm
Massivholzplatte	70 mm
Holzfaserdämmung / Ständer	120 mm
Holzfaserdämmung	100 mm
Windpapier	
Hinterlüftung / Konterlattung	30 mm
Aussenverkleidung	20 mm
Total	355 mm

U-Wert: 0.15 W/(m²·K)

Wandaufbau Kompaktfassade
(von innen nach aussen / v.r.n.l.)

Massivholzplatte (sichtbar)	80 mm
Steinwolldämmung	220 mm
STO-Fassadensystem	10 mm
Total	310 mm

U-Wert: 0.15 W/(m²·K)

Dachbelag - - - - - - - - - -

Lattung - - - - - - - - - -

Konterlatte / Hinterlüftung - - - - - - - - - -

Diffusionsoffene Unterdachbahn - - - - - - - - - -

Holzfaserdämmung 100 mm - - - - - - - - - -

Zellulosedämmung / Balken 280 mm - - - - - - - - - -

3-Schichtplatte Fichte / Tanne 27 mm - - - - - - - - - -

Hohlkastendeckenelement - - - - - - - - - -

Passivhausfenster - - - - - - - - - -

Aluminium-Zarge pulverbeschichtet - - - - - - - - - -

Massivholzplatte, sichtbar, Fichte / Tanne 70 mm - - - - - - - - - -

Distanzschrauben - - - - - - - - - -

Holzfaserdämmung / Ständer 120 mm - - - - - - - - - -

Holzfaserdämmung 100 mm - - - - - - - - - -

Windpapier - - - - - - - - - -

Hinterlüftungslatte 30 mm - - - - - - - - - -

Äussere Beplankung z. B. Stulpschalung - - - - - - - - - -

Hohlkastendeckenelement - - - - - - - - - -

Feuchtigkeitssperre - - - - - - - - - -

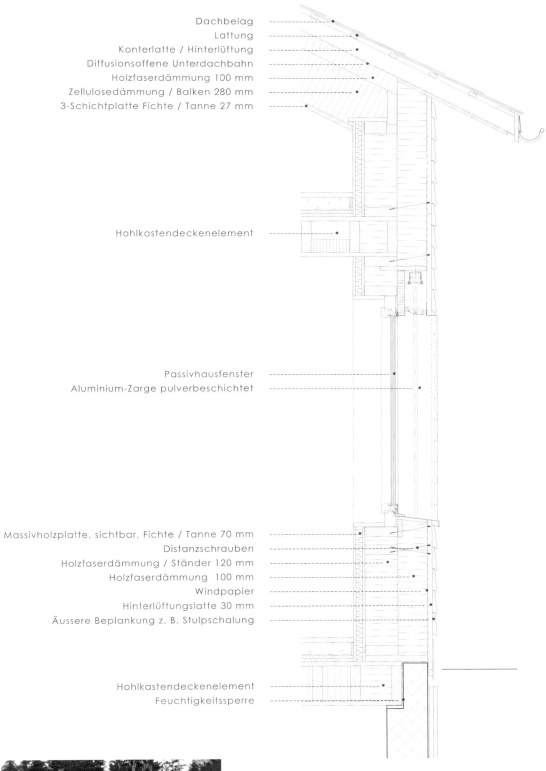

Grundelement

Das Basiselement der hier beschriebenen Konstruktion ist eine dreischichtige Massivholzplatte. Die mittlere, mit Schlitzen versehene Platte ist je nach Anwendung 40 oder 50 mm dick, die äusseren Platten sind 15 mm stark. Die Schlitze in der mittleren Platte sind jeweils abwechslungsweise mit einem Abstand von 25 mm und einer Tiefe von 30 mm von der linken und rechten Seite eingefräst. Durch diese Einschnitte wird einerseits die thermisch bedingte Verziehung der Wand auf ein Minimum reduziert, andererseits verbessert die Luft in den Schlitzen den U-Wert und sorgt für einen ausgeglichenen Feuchtehaushalt in der Wand. Für die Massivholzplatte wird Fichten- oder Tannenholz verwendet. Die einzelnen Schichten werden mit einem dampfdiffusionsoffenen Klebstoff verleimt.

Die Konstruktion lässt sich mit standardisierten Innenwänden, Decken- und Dachaufbauten kombinieren. Die Innenwände können mit der gleichen Massivholzplatte ausgeführt werden wie die Aussenwände mit Kompaktfassade. Diese Platte ist 80 mm stark, tragend und biegesteif.

Montage

Nach Fertigstellung des Fundaments bzw. der Unterkellerung aus Beton werden die vorgefertigten Massivholzwände zur Baustelle transportiert. Die Medienführung in der Wand sowie die Fenster und Nasszellen sind bereits verarbeitet. Die fertigen Scheibenelemente lassen sich in kürzester Zeit mit Hilfe von Baukranen aufbauen. Die Montage des Rohbaus mit wetterfester Hülle beschränkt sich auf ein bis drei Tage.

Bei der Massivholzwand mit hinterlüfteter Fassade kommt das fertige Element als Sandwichkonstruktion auf die Baustelle. Dem gegenüber wird bei der Ausführung als Kompaktfassade zuerst der Rohbau mit den tragenden Massivholzplatten fertig gestellt, worauf die Aussendämmung vor Ort angebracht wird.

Die Aussendämmung, die bei der Kompaktfassade mit einem diffusionsoffenen Kleber an der Massivholzplatte befestigt wird, muss bei einer Dimension ab 180 mm zusätzlich mechanisch mit Kunststoffdübeln befestigt werden.

Bauphysik

Wärmeschutz

Durch ihren dreischichtigen Aufbau und die mit Schlitzen versehene mittlere Schicht leistet die Massivholzplatte bereits einen Beitrag zum Wärmeschutz. Die Luftzwischenräume und Zellhohlräume von Holz sorgen für eine gute Wärmedämmfähigkeit. Um den für Passivhäuser gewünschten U-Wert von 0.15 W/(m²·K) zu erreichen, ist eine Aussendämmung von rund 22 cm notwendig. Eine solche Massivholzwand hat eine Masse von 68 kg/m². Ihre spezifische Wärmespeicherfähigkeit beträgt ca. 175 kJ/(m²·K), die Wärmeleitfähigkeit λ liegt bei 0.13 W/(m·K).

Tragverhalten

Die Massivholzplatte ist als tragendes Element konzipiert. Wird die Wand als hinterlüftete Fassade ausgebildet, kommt eine Massivholzplatte von 70 mm zum Einsatz, welche die Drucklast aufnimmt. Die in der mittleren Dämmschicht integrierten Ständer sorgen für die erforderliche Biegesteifigkeit. Bei der Ausführung als Kompaktfassade gibt es nur eine Dämmschicht und die vertikalen Ständer fallen weg. In diesem Fall wird eine 80 mm dicke Massivholzplatte eingesetzt, die sowohl die Druck- als auch die Biegelast aufnehmen kann. Der Tragwiderstand R_d beträgt 234 kN/m[1]. Kommen bei Detailanschlüssen Punktlasten vor, wird die Wand mit entsprechenden konstruktiven Massnahmen unterstützt. Das Konstruktionsprinzip der Massivholzwand ist die Scheibenbauweise mit weitgehend stützenfreien Hausformen.

Feuchteverhalten

Holz kann sehr viel Feuchtigkeit aufnehmen, zwischenspeichern und bei Bedarf wieder abgeben. Voraussetzung für einen kontrollierten Feuchteaustausch zwischen der Umgebungsluft und dem Holz ist, dass keine Sperrschicht (z. B. Dampfbremse) eingebaut wird. Die Massivholzkonstruktion wird konsequent diffusionsoffen ausgeführt, um ein ausgeglichenes Raumklima zu schaffen.

Im bewohnten Zustand wird während der Heizperiode eine Holzfeuchte von 7 bis 8 % erreicht. Für Schädlinge, seien es pflanzliche (z. B. echter Hausschwamm) oder tierische (z. B. Hausbockkäfer), stellt diese Feuchte keinen Lebensraum dar. Die durchschnittliche Holzfeuchte des Querschnitts der Massivholzplatte muss bei der Verarbeitung sowie beim Einbau zwischen 7 und 9 % bleiben.

Schallschutz

Die Massivholzwand hat entsprechend der gewählten Dicke der Aussendämmschicht bei der Ausführung als hinterlüftete Fassade oder als Kompaktfassade einen Schalldämmwert von 48 bis 61 dB. Eine für Passivhäuser taugliche Aussenwand mit einer Aussendämmschicht von 22 cm erreicht ein Luftschalldämmmass von rund 57 dB und erfüllt die Anforderungen an den Schallschutz. Bei hoher Lärmempfindlichkeit in sehr lauter Lage kann das Schalldämmmass durch den Einsatz von Schallschutzplatten (Gipsfaserplatten) erhöht werden.

Brandschutz

Soll die Massivholzwand als Brandabschnitt bildende Wandkonstruktion mit einem Feuerwiderstand von 30 Minuten (EI30) eingesetzt werden, ist eine beidseitige Beplankung mit Gipsfaserplatten notwendig.

Produktion

Bei der Herstellung der Massivholzelemente wird das Holz technisch getrocknet. Holz mit Schädlingsbefall wird aussortiert. Die Basisplatte kann in einer maximalen Grösse von 3 x 13 m hergestellt und auf dem CNC-Center bearbeitet werden. Die einzelnen Bauteile sind standardisiert und zu einem bestimmten Grad vorgefertigt. Sie werden von den Partnerbetrieben nach gängigen Normen produziert. Die Anforderungen der Bauteile an den Wärme-, Schall- und Brandschutz sowie die Tragsicherheit, Funktionstüchtigkeit usw. sind definiert. Die Produktionstechnik sowie die Ausführung sind von der EMPA (Eidgenössische Materialprüfungs- und Forschungsanstalt in Dübendorf, CH) und der SH-Holz (Schweizer Hochschule für die Holzwirtschaft in Biel, CH) geprüft und mit dem Zertifikat für Qualitätshäuser ausgezeichnet. Das Qualitätszertifikat wird jährlich erneuert.

Ökologie

Die Massivholzplatten werden aus einheimischem Holz aus nachhaltig bewirtschäfteten Wäldern gefertigt. Die Produktion und Errichtung der Konstruktion wird mit lokalen Partnern durchgeführt, wodurch die Transportemissionen möglichst gering gehalten werden.

Bei der Massivholzkonstruktion werden die Grundregeln des konstruktiven Holzschutzes beachtet. Sowohl im Aussen- als auch im Innenbereich kann auf chemischen Holzschutz verzichtet werden, insofern bei naturbelassenen Fassadensystemen die Verfärbung der Fassade toleriert wird. Dies ermöglicht einen unproblematischen Rückbau der Elemente.

Die Konstruktion hat trotz der Einteilung zur Massivbauweise einen geringen Materialaufwand. Die effiziente Tragstruktur ermöglicht einen schlanken Wandaufbau und den schonenden Umgang mit den vorhandenen Ressourcen.

Wirtschaftlichkeit

Für die Baukosten dieser Konstruktion sind grösstenteils die Lohnkosten entscheidend, da die Produktion und Planung mit lokalen Partnern durchgeführt wird. Der hohe Qualitätsanspruch an das verwendete Material gehört zur Überzeugung der Produzenten und hat zur Folge, dass von ihnen und ihren Partnern kaum Garantieleistungen verlangt werden müssen, wodurch sich diese Mehrkosten wieder ausgleichen.

Der hohe Vorfertigungsgrad der Bauelemente ermöglicht eine sehr kurze Montagezeit, was die Erstellungskosten beträchtlich senkt. Die hier vorgestellte Massivholzwand kostet je nach Art des Gebäudes rund 210.- bis 240.- € pro m². Dieser Preis bezieht sich auf die Herstellung, Verarbeitung und Montage. Bereits vor Baubeginn werden alle Kosten definitiv berechnet und dem Kunden transparent kommuniziert.

◄
Das Holz aus einheimischen Wäldern wird in lokalen Sägewerken verarbeitet. Die Produktion findet in zertifizierten und geschulten Lizenzbetrieben statt.

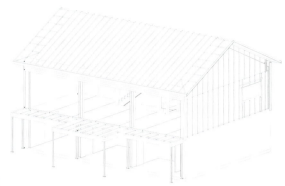

Architektur: FormaTeam AG, CH-9606 Bütschwil
Bauherrschaft: M. und Y. Steiner, CH-9100 Herisau

Gebäudebeispiel

In Schwellbrunn (ca. 1000 m ü. d. M.) ist 2005 das erste Minergie-P-Einfamilienhaus des Kantons Appenzell gebaut worden. Die Gebäudeform, Konstruktion und Ausrichtung wurde schon bei der Planung speziell auf einen niedrigen Energieverbrauch und einen hohen Gewinn an Sonnenenergie ausgelegt.

Ausgeführt wurde das Haus im diffusionsoffenen und hoch wärmegedämmten KlimaTherm© classic Systembau mit 380 mm Holzfaserdämmung. Die Fassade besteht aus einer unterhaltsfreien, sägerohen Lärchen-Stülpschalung. Auch im Innenausbau wurde sämtliches Konstruktionsholz aus Fichte und Tanne sichtbar und unbehandelt belassen und es wurde auf eine möglichst ökologisch unbedenkliche Materialauswahl geachtet.

Der Heizwärmebedarf nach Minergie-P beträgt 14.7 kWh/m²a. Für die Beheizung respektive Kühlung wird eine Erdsonden-Wärmepumpe mit Bodenheizung eingesetzt. Die kontrollierte Wohnraumlüftung sorgt für eine effiziente Wärme- und Feuchte-Rückgewinnung. Der Strom für die Haustechnik wird von der Photovoltaik-Anlage auf dem Dach geliefert. Überschüssiger Strom kann ins Netz gespeist werden.

U-Werte	W/(m²·K)
Wände	0.11
Dach	0.11
Boden (Erdreich)	0.15

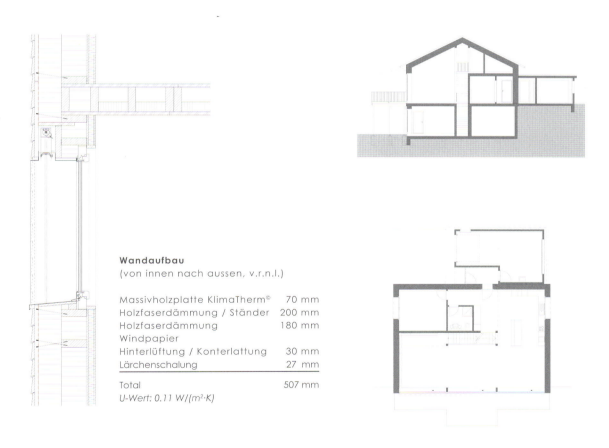

Wandaufbau
(von innen nach aussen, v.r.n.l.)

Massivholzplatte KlimaTherm©	70 mm
Holzfaserdämmung / Ständer	200 mm
Holzfaserdämmung	180 mm
Windpapier	
Hinterlüftung / Konterlattung	30 mm
Lärchenschalung	27 mm
Total	507 mm

U-Wert: 0.11 W/(m²·K)

Kontaktinfos

Die beschriebene Massivholzkonstruktion ist unter dem Produktenamen KlimaTherm© erhältlich. Ansprechpartner ist das Architektur- und Ingenieurbüro FormaTeam AG in CH-9606 Bütschwil. www.formateam.ch

Hartschaumschalung

Hartschaumschalung

Die Bauweise mit Hartschaum-Schalungselementen ist schnell, einfach und multifunktional. Handwerklich versierte Bauherrschaften haben die Möglichkeit, beim Aufbau einen grossen Teil an Eigenleistung zu erbringen. Die handlichen und leichten Elemente werden zusammengesteckt und mit Beton ausgegossen. Ein Beispiel für diese Bauweise ist das Isorast®-System, das seit 1997 eine neue Produktserie für Passivhäuser anbietet. Es ist das erste Wandbausystem, das mit dem Passivhauszertifikat des Passivhaus-Institutes in Darmstadt ausgezeichnet wurde. Bis heute sind 500 Gebäude im Passivhaus-Standard mit diesem System gebaut worden.

Systembeschrieb

Die Schalungselemente aus dem Hartschaum Neopor®, eine Weiterentwicklung von expandiertem Polystyrol EPS, sind in der Regel rechteckige, 750 mm lange Bausteine. Die dicke Aussenschicht und die dünne Innenschicht der Elemente sind mit Stegen, die ebenfalls aus Neopor® bestehen, miteinander verbunden. Die strukturierten Elemente lassen sich mittels eines speziellen Steckverbundes einfach von Hand zusammenstecken.

Durch das Ausgiessen der Hohlräume mit Beton entsteht eine dreischichtige Massivwandkonstruktion mit einer aussen und innen liegenden Dämmschicht. Diese Umkehrbauweise ist effizient und kostengünstig, indem die Dämmschicht zugleich als Schalung für die Tragstruktur dient. Die Bausteine leisten rundum einen guten Wärmeschutz.

Anwendungsbereich

Hartschaum-Schalungselemente sind sehr vielfältig einsetzbar und eignen sich vom Einfamilienhaus bis zum 10-stöckigen Mehrfamilienhaus. Sowohl Wohnbauten als auch öffentliche Gebäude werden in dieser Bauweise realisiert. Bisher wurde das System hauptsächlich im kostengünstigen Fertighausbau angewendet.

Eine breite Palette an Innen- und Aussenwandmodulen ermöglicht auch spezielle Bauformen wie Rundungen, Winkel und Erker. Mit über 60 verschiedenen Formteilen gewährt das System eine grosse Gestaltungsvielfalt. Dennoch sollten komplizierte Anschlussdetails vermieden werden.

Vorteile

Die industriell hergestellten Hartschaum-Steine sind leicht und lassen sich einfach und schnell zusammenbauen. Beim Aufbau besteht die Möglichkeit von Eigenleistungen der Bauherrschaft, wodurch Kosten gespart werden. Auf Wunsch können Spezialanfertigungen von Steinen hergestellt werden, was eine grosse gestalterische Freiheit gewährt. Durch die doppelseitige Wärmedämmung ist der Wärmeschutz einer solchen Wand sehr gut. Die Anforderungen an den U-Wert von 0.15 W/(m²·K) werden problemlos erreicht bzw. unterschritten. Durchdachte Anschlussdetails sorgen für eine wärmebrückenfreie Konstruktion. Die statischen Eigenschaften des Systems erlauben eine mehrgeschossige Bauweise. Auch die Brand- und Schallschutz-Anforderungen sind erfüllt.

Nachteile

Bei der Befestigung von schweren Elementen an einer Hartschaumwand sind spezielle Vorrichtungen zu treffen. Wollen die Bewohner im Innenraum ein schweres Bild oder Gestell aufhängen, ist dies nur mit Spezialdübeln oder einer Verankerung bis zum Betonkern in der Wand möglich. Auf der Aussenseite der Wand zeigen sich gleichartige Schwierigkeiten zum Beispiel beim Balkonanschluss. Um die Stabilität der Balkonkonstruktion zu gewährleisten und Wärmebrücken zu vermeiden, ist eine selbstständige Tragkonstruktion des Bauteils erforderlich.
Der Betonanteil in der Wand sowie die Herstellung von Neopor® auf der Basis von Erdöl verschlechtern die ökologische Bewertung dieser Konstruktion.

Grundelemente

Die grosse Vielfalt an verfügbaren Form-steinen kann in vier Kategorien eingeteilt werden: 25er-Innenwandsteine, 31er-Aus-senwandsteine, 37er-Dickwandsteine und 42er-Super-Dickwandsteine. Die Formpalet-te reicht von Bogensteinen mit beliebigen Radien über Brandwandsteine mit Drahtste-gen für feuerbeständige Wände, Decken-abschlusssteine mit eingebauten Abstand-haltern für die Ringankerbewährung bis zu Sturzsteinen und Rollladenkasten in allen Längen nach Mass.

37er-Dickwandsteine (Auswahl)

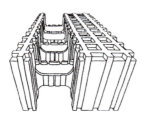
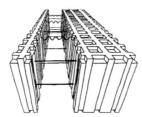
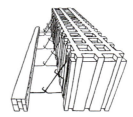
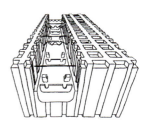

Dickwandstein Brandwandstein Deckenabschlussstein Sturzstein

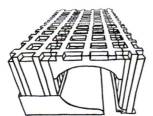

Rolladenkasten (Revision innen) Rolladenkasten (Revision aussen) mit 160 mm Rollraum Höhenausgleich Erker-Höhenausgleich

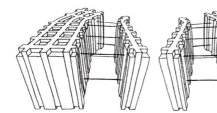
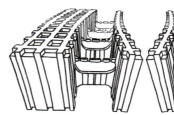

rechter und linker Dickwand-Erkerstein rechter und linker Bogenanschlussstein

Wandaufbau

Die Serie der 37er-Dickwandsteine eignet sich, um den Minergie-P- oder Passivhaus-Standard mit einem U-Wert von 0.12 W/(m²·K) zu erreichen. Die Wandstärke beträgt 405 mm. Die Hartschaumelemente bestehen auf der Wandinnenseite aus 55 mm und auf der Wandaussenseite aus 180 mm Neopor®. Dazwischen bildet die 140 mm starke Betonschicht die Tragstruktur. Die Wand wird beidseitig verputzt.

Die Zeichnungen auf dieser Seite zeigen die Dimensionen einer fiktiven Wand mit einem U-Wert von 0.15 W/(m²·K), um den Vergleich mit den anderen im Buch vorgestellten Wandkonstruktionen zu ermöglichen. Die äussere Dämmschicht kann dabei um 40 mm reduziert werden, was eine Gesamtwandstärke von 365 mm ergibt.

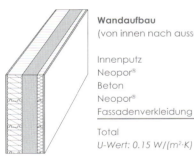

Wandaufbau
(von innen nach aussen / v.r.n.l)

Innenputz	15 mm
Neopor®	55 mm
Beton	140 mm
Neopor®	140 mm
Fassadenverkleidung	15 mm
Total	365 mm

U-Wert: 0.15 W/(m²·K)

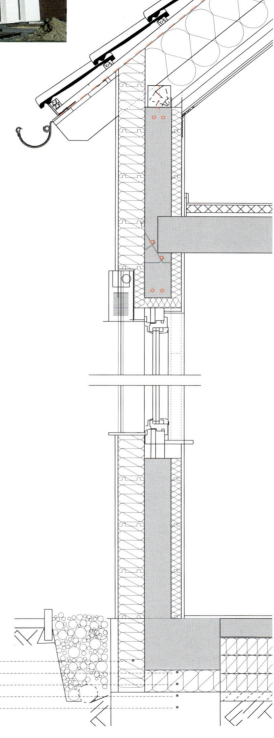

Sockeldämmung
Trennfolie
Perimeterdämmung
Baufolie
Frostschürze aus Magerbeton

Raster

Die Nasen auf der Oberseite und die Nuten auf der Unterseite der Neopor®-Steine sind so angeordnet, dass die Elemente im Raster von 62.5 mm längs und quer zusammengesteckt werden können. Diese Nuten und Nasen verknüpfen sich formschlüssig und wärmebrückenfrei. Das kleine Rastermass ergibt geringe Abschnitte und eine gute Schnittreste-Verwertung. Die Seiten sind ebenfalls in ein Raster von 62.5 mm eingeteilt. Die 2.5 mm tiefen und 17.5 mm breiten Rillen sind schwalbenschwanzförmig ausgebildet und dienen neben der wärmebrückenfreien Verbindung zusätzlich zur mechanischen Putzverkrallung.

Montage

Vor dem Zusammenstecken der Hartschaum-Elemente wird der Bereich unter den Wänden mit einer Dichtschlämme beschichtet, um aufsteigende Feuchtigkeit zu verhindern. Daraufhin können die leichten Bausteine von Hand – ohne weitere Hilfsmittel – aufeinander gesteckt werden. Es empfiehlt sich, an den Aussenecken Latten auf der Bodenplatte anzudübeln, damit die Schalungssteine unverrückbar stabilisiert sind. Im Abstand von ca. 50 cm sollten die Wände mit Montageschaum auf der Bodenplatte fixiert werden. Das vollflächige Unterspritzen der Hohlräume unter den Wandungen verhindert bei der späteren Betonverfüllung Setzungen und Verbiegungen der Wände. Im Bereich der Ecken wird die Hartschaumwandung mit einer Säge herausgeschnitten und ein Endstück als Verstärkung eingeschoben, welches die Verbindung schliesst. Für das Zuschneiden ganzer Bausteine eignen sich Glühdraht-Schneidegeräte.

Nach dem geschosshohen Zusammenstecken der Schalungselemente werden die Richtstützen montiert. Die Richtstützen werden im Abstand von max. 150 cm gestellt und mit einer Ankerspirale in Wandung und Steg eingedreht. Dann werden die Stützen mit vier Nageldübeln im Boden befestigt.

▶

Einfüllen des Betons in die Hohlräume der Schalungselemente.

Nun kann der Beton verfüllt werden. Es wird mit den Fensterbrüstungen begonnen und nicht höher als 75 cm gefüllt. Von dort aus verteilt sich der Beton. Nach 45 Minuten hat die erste Verfüllung bereits eine Frühfestigkeit erlangt und die nächste Lage von 75 cm wird eingefüllt. Nach dem Betonieren des ganzen Geschosses kann die Wand noch einmal millimetergenau am verstellbaren Fuss der Richtstützen einjustiert werden. Zum Schluss wird die Wand innen und aussen verputzt.

Bauphysik

Wärmeschutz

Die Wärmedämmeigenschaften des Hartschaumschalung-Systems sind mit einer Dämmstoffdicke von rund 200 mm sehr gut. Das Nut- und Nasenraster der Schalungselemente verhindert Wärmebrücken an den Plattenstössen. Alle Anschlüsse sind berechnet und vom Passivhaus-Institut zertifiziert*. Sowohl im Winter als auch im Sommer bietet diese Bauweise ausgeglichene Raumtempe-

* www.passiv.de

raturen. Die Innendämmung trägt dazu bei, dass sich die Raumtemperaturen schneller regulieren lassen und die Trägheit der massiven Betontragstruktur nur wenig zu tragen kommt. Für die dennoch erwünschte, „dosierte" Wärmespeicherung eignet sich ein 10 bis 15 mm dicker Gips- oder Kalkgipsputz. Das hier präsentierte System hat eine effektive Masse von 346 kg/m². Die spezifische Wärmespeicherfähigkeit beträgt 388 kJ/(m²·K). Die Wärmeleitfähigkeit λ der Hartschaumelemente liegt bei 0.032 W/(m·K).

Tragverhalten

Der in die Hohlräume der Schalungselemente eingefüllte Beton B25 hat eine hohe Druckfestigkeit, was mehrgeschossige Bauten ermöglicht. Die lediglich 140 mm breite Hohlkammer führt zu einem geringen Betonbedarf von 120 l/m². Der Querschnitt ist so bemessen, dass in der Regel ein sechsgeschossiges Gebäude keine Wandbewehrung benötigt. Mit Bewehrung sind Bauten bis zu zehn Stockwerken realisierbar.

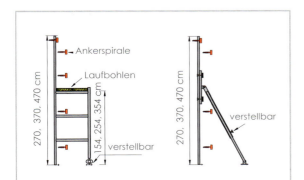

◀

Richtstützen mit und ohne Laufbohlen.

85

Das Schalungssystem kann auch beim Hallenbau für hohe Wände eingesetzt werden. Dazu stehen Schalungselemente mit grösseren Betonkammern von 200 und 265 mm zur Verfügung. Statisch notwendige Stahlträger können in der Wand eingebunden werden.

Feuchteverhalten

Der in diesem System verwendete Neopor®-Hartschaum ist nicht kapillar saugend und nimmt selbst bei einwöchiger Unterwasserlagerung nicht mehr als 2 Volumen-% Feuchtigkeit auf. Die Minderung der Dämmfähigkeit bei Feuchtigkeitsaufnahme stellt für diese Wandkonstruktion daher kein Problem dar. Auch Risse und Feuchtigkeitsmarkierungen an Putz und Tapeten werden verhindert. Obwohl die Hartschaumelemente weitgehend wasserdicht sind, sind sie dennoch wasserdampfdurchlässig. Der Diffusionswiderstand von Neopor®-Hartschaum und Beton liegt in der Grössenordnung von Kiefernholz. Dies ist auch notwenig, damit der Beton in den Schalungselementen austrocknen kann. In den ersten Monaten nach der Betonverfüllung ist im Haus die Luftfeuchte erhöht.

Schallschutz

Die hier vorgestellte Hartschaum-Schalungswand weist einen guten Schallschutz auf. Wohnungstrennwäne können mit dem 31er-Super-Schalldämmstein ausgeführt werden. Beidseitig verputzt erreicht diese Wand einen Dämmwert von 53 dB. Um die Schalllängsleitung zu vermeiden, befinden sich auf der Schalungsunterseite viele feine Schlitze. Dadurch werden Putz und Betonkern akustisch voneinander entkoppelt und die Resonanzfrequenz beseitigt.

Brandschutz

Der Betonkern in der Hartschaumwand ist als nichtbrennbarer Baustoff klassiert. Die Wandungen aus Neopor®-Hartschaum werden in schwer entflammbarer Qualität hergestellt. Das Material kann nur mittels einer fremden Zündquelle wegschmelzen. Wird diese Zündquelle entfernt, ist auch der Brand- und Schmelzvorgang in wenigen Sekunden beendet. Diese Materialeigenschaft wird im Werk laufend durch interne Kontrollen überprüft sowie durch die von der Zulassungsbehörde anerkannte Staatliche Forschungs- und Materialprüfungsanstalt MPA, D-Stuttgart, überwacht.

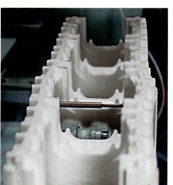

Produktion

Die Schalungsprodukte werden in der Schlaadt GmbH in Lorch/Rhein (D) hergestellt. Die gesamte Energieerzeugung für die Produktion erfolgt mit Holz. Die Produktion wird gemäss der Zulassung im Werk wie auch durch die MPA, D-Stuttgart, überwacht.*
Ausgangsstoff für das Hartschaummaterial Neopor® ist unter anderem Erdöl. Durch die chemische Reaktion flüssiger Grundstoffe unter Zusatz von Treibmitteln werden die Dämmstoffblöcke hergestellt. Als Treibmittel wird in Deutschland hauptsächlich Pentan eingesetzt, in geringen Mengen auch CO_2.

Ökologie

Die Herstellung von Neopor® auf der Basis von Erdöl sowie die energieintensive Produktion haben einen negativen Aspekt auf die Ökobilanz des Hartschaumschalungs-Systems. Zur Produktion von Neopor®-Partikelschaum werden jedoch keine FCKW-haltige oder teilhalogenierte Treibmittel eingesetzt.
Sauberes Hartschaum-Material kann wieder aufbereitet und in den Produktionsprozess zurückgeführt werden. Unsaubere Materialien können gemahlen und zur Bodenlockerung

verwendet werden. Sie verhalten sich neutral und geben keine wasserlöslichen Stoffe ab, die zu einer Verunreinigung des Grundwassers führen könnten. Neopor®-Hartschaum zerfällt auch im Laufe der Zeit nicht zu schädlichen Produkten. Die Hartschaumwand verspricht eine lange Lebensdauer. Die älteste Dämmung aus Neopor®-Hartschaum ist 50jährig und es sind keine Alterungsmerkmale feststellbar. In Labortests wurde eine Lebensdauer von 100 Jahren simuliert, ebenfalls ohne Alterungsanzeichen.* Voraussetzung für eine lange Beständigkeit ist, dass die Konstruktion fachgerecht verarbeitet und verputzt ist.

Wirtschaftlichkeit

Durch die leichte und einfache Verarbeitung des Systems können erhebliche Lohnkosten eingespart werden. Trotz hochwertigem Energiestandard müssen Minergie-P- oder Passivhäuser aus Hartschaum-Schalungselementen nicht teurer sein als konventionelle Häuser. Insbesondere die Möglichkeit von Eigenleistungen der Bauherrschaft hilft, die Kosten zu senken. Eine Isorast®-Wand kostet inklusive Material, Verarbeitung und Mehrwertsteuer rund 185.- € pro m².

* www.mpa.uni-stuttgart.de

* Industrieverband Hartschaum, D-Heidelberg

Architektur: Dipl.-Ing. (FH) Wolfgang Weller, D-97769 Bad Brückenau
Bauherrschaft: T. Voigt-Weller und W. Weller, D-97769 Bad Brückenau

Gebäudebeispiel

Zielsetzung bei diesem im Jahr 2005 entstandenen Einfamilienhaus mit Büro war eine optimale und ästhetische „Solararchitektur". Der oktogonale Grundriss führt zu einer sehr kompakten Gebäudeform mit einem Oberflächen-Volumen-Verhältnis A/V von 0.6. Durch die versetzte Decke und die unterschiedlichen Dachneigungen der Nord- und Südseite verkleinert sich die Energie verlierende Nordfassade, während die gut besonnte Südfassade mit grosszügiger Verglasung vergrössert wird. Die Nebengebäude wurden an die Nordfassade angegliedert und dienen so als zusätzlicher Wärmepuffer. Durch die Südhanglage ist auch das im Untergeschoss gelegene Büro lichtdurchflutet. Alle Aussenwände wurden mit dem 37er-Dickwandstein von Isorast® errichtet. Das passivhauszertifizierte System mit den speziellen Erkersteinen machte die Umsetzung des ungewöhnlichen Grundrisses zur leichten Aufgabe. Selbst die ansonsten etwas problematischen Erkerfenster konnten statisch und wärmetechnisch einwandfrei realisiert werden. Erdwärmetauscher, kontrollierte Lüftung mit Wärmerückgewinnung sowie eine Gas-Brennwert-Therme bilden die Wärmetechnik des Gebäudes. Die nur an sehr kalten und bewölkten Tagen erforderliche zusätzliche Heizenergie wird den Räumen über die Belüftungsanlage zugeführt. Der Heizenergiebedarf beträgt 13 kWh/m²a. Für die Warmwasseraufbereitung (Belegung mit sechs Personen) ergibt sich ein Energiebedarf von 12 kWh/m²a.

U-Werte	W/(m²·K)
Wände	0.13
Dach	0.10
Boden (Erdreich)	0.13
Fenster (inkl. Rahmen)	0.75

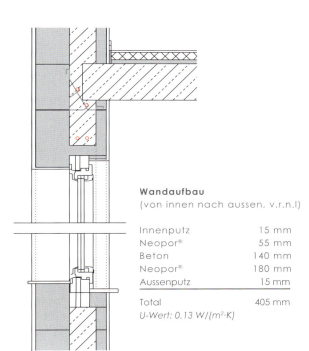

Wandaufbau

(von innen nach aussen, v.r.n.l)

Innenputz	15 mm
Neopor®	55 mm
Beton	140 mm
Neopor®	180 mm
Aussenputz	15 mm
Total	405 mm

U-Wert: 0.13 W/(m²·K)

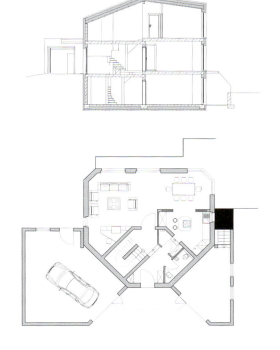

Kontaktinfos

Weitere Informationen zum Isorast®-System sind bei der Firma Isorast GmbH in D-65219 Taunusstein erhältlich. www.isorast.de

Ein Alternativprodukt bietet die Firma Lakonita in CH-4628 Wolfwil.
www. lakonita.ch

89

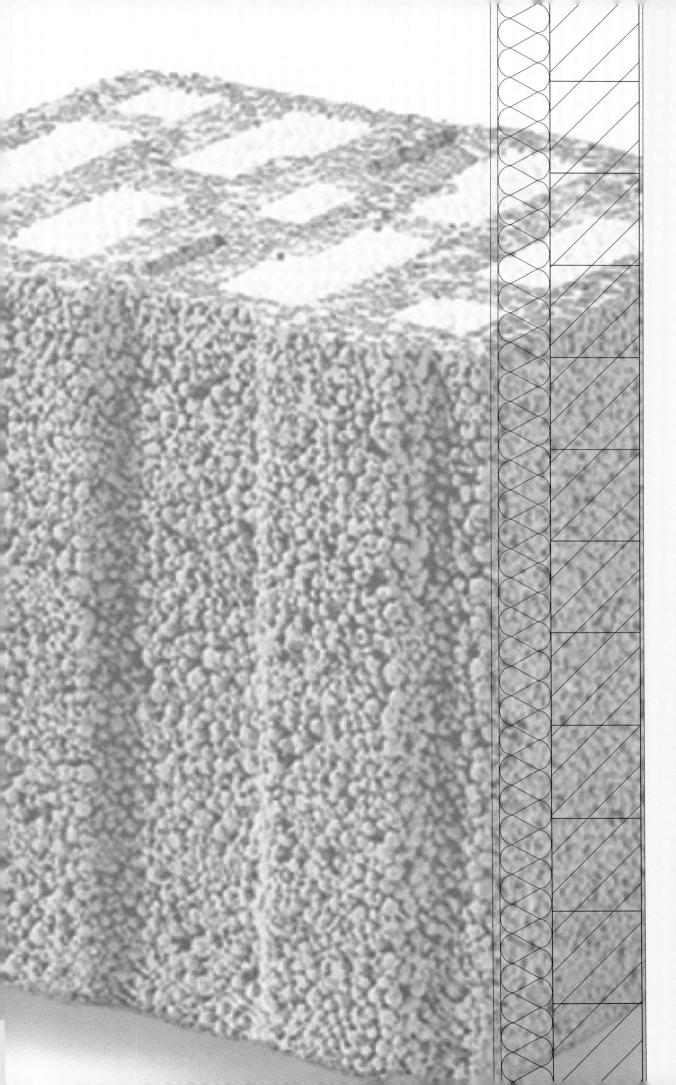

Blähtonstein

Blähtonstein

Die Bauweise mit gedämmten Blähtonsteinen bietet eine kostengünstige und einfache Lösung für einen hochgedämmten Massivbau. Indem die Steine zugleich Trag- und Dämmfunktion übernehmen, bleibt die Wandstärke trotz der massiven Bauweise und dem hohen Dämmstandard vertretbar. Für die zusätzlich erforderliche Aussendämmung reicht die Dämmstärke von 140 mm, was eine einfache Montage ohne Zusatzkonstruktion erlaubt.

Als Beispiel wird nachfolgend der in seinen Hohlkammern gedämmte Blähtonstein LIAPLAN ULTRA 010 vorgestellt, der 1998 aus der LIAPLAN-Serie entwickelt wurde. Heute werden jährlich ca. 1500 Gebäude aus diesen gedämmten Blähtonsteinen erstellt.

Systembeschrieb

Die Konstruktion aus Blähtonsteinen entspricht derjenigen eines herkömmlichen Mauerwerks, mit dem Unterschied, dass die Wärmeleitfähigkeit der hier vorgestellten Steine (λ = 0.10 W/(m·K)) rund viermal tiefer liegen als bei einem konventionellen Backstein. Die Hohlkammern in den Bausteinen aus Lias-Tonkugeln sind mit Styropor-Hartschaumkugeln aufgeschäumt, wodurch sehr gute Dämmwerte erreicht werden.

Die gedämmten Steine sind in drei verschiedenen Dicken erhältlich und lassen sich kombiniert mit der entsprechenden Aussendämmung zu Wänden errichten, die für ein Minergie-P- oder Passivhaus geeignet sind. Die am häufigsten gewählte Variante, um den U-Wert 0.15 W/(m²·K) zu erreichen, ist eine Wandkonstruktion aus dem 240 mm Stein und einer Aussendämmung von 140 mm Mineralfaserplatten.

Anwendungsbereich

Blähtonsteine bilden ein komplettes Bausystem für Aussen- und Innenwände, das vom Keller bis zum Dachgeschoss anwendbar ist. Eck-, End- und Winkelsteine sowie weitere Ergänzungsprodukte vervollständigen das System. Mehrgeschossiges Bauen ist bis zu sechs Stockwerken möglich. Die Bausteine aus Lias-Ton sind resistent gegen Feuer, Frost und Feuchtigkeit und lassen sich daher auch unter erhöhten Anforderungen gut einsetzen. Die bisher realisierten Gebäude sind vorwiegend Neubauten in Form von Ein- und Mehrfamilienhäusern.

Vorteile

Die Steine aus porösen Lias-Tonkugeln erreichen schon ohne zusätzliche Dämmung eine
hohe Wärmedämmfähigkeit. Dadurch wird
der Wandaufbau gegenüber <u>konventionel-
len</u> Mauerwerksystemen etwas schlanker, was
die nutzbare Wohnfläche erhöht. Das geringe
Eigengewicht der Bausteine ermöglicht eine
wirtschaftliche und einfache Verarbeitung.
Im Vergleich zu anderen hochgedämmten
Wandkonstruktionen ist dieses System sehr
kostengünstig. Die massive Bauweise lässt
eine lange Lebensdauer erwarten. Als homo-
genes Mauerwerk weist es keine unterschiedlichen Spannungs- und Dehnungsverhalten
auf, wodurch Rissbildungen vermieden werden. Bei einem Rückbau lassen sich die einzelnen Materialien voneinander trennen und
rezyklieren.

Nachteile

Die Wandstärke einer Blähtonstein-Mauer mit
einem U-Wert von 0.15 W/(m²·K) ist trotz guter Dämmwirkung der Bausteine im Vergleich
zu anderen <u>innovativen</u> Konstruktionen eher
dick. Anders als bei vielschichtigen Wandaufbauten besteht bei der Blähtonstein-Wand
keine Möglichkeit, Installationen zu integrie-
ren. Die Wände müssen auf der Baustelle wieder ausgespitzt werden. Es ist daher darauf zu
achten, dass die Installationen hauptsächlich
über die Innenwände geführt werden. Die
Montagezeit auf der Baustelle ist vergleichsweise lang, da eine Vorfabrikation ganzer
Wände im Werk nicht möglich ist. Bei Temperaturen unter 5 °C kann das Mauerwerk nicht
erstellt werden, da die Festigkeitsbindung des
Mörtels ungenügend wird.

Grundelemente

Die LIAPLAN ULTRA 010 Normalsteine sind in den Wandstärken 240 mm, 300 mm, 365 mm und in der Steinlänge und -höhe von 248 mm erhältlich. Als Ergänzung gibt es die Universalsteine, die zum Teil grössere Längen haben, sowie Sägesteine im 125 mm Längenraster. Die Sägesteine können auf der Baustelle mit einem elektrischen Fuchsschwanz oder einer Baustellensäge auf die gewünschte Grösse zugeschnitten werden. Für die Eckausbildung sowie für Fenster- und Türleibungen gibt es spezielle Steintypen mit unterschiedlichen Lochbildern. Zum kompletten Bausystem gehören auch Stürze, U-Schalen, Rollladenkasten, Höhenausgleichssteine, Deckenabmauerungssteine, Giebelsteine, Gurtwicklerkasten, Deckenrandabsteller und Dämmplatten. Die unten stehenden Abbildungen zeigen die Steintypen LIAPLAN ULTRA 010 – 240 mm sowie eine kleine Auswahl aus dem Ergänzungsprogramm.

LIAPLAN ULTRA 010 – 240 mm

Normalstein
Länge   498 mm
Breite   240 mm
Höhe   248 mm

Universalstein
Länge   498 mm
Breite   240 mm
Höhe   248 mm

Höhenausgleichsstein
Länge   498 mm
Breite   240 mm
Höhe   123 mm

Giebelstein
ohne Polystyrol

Ergänzungsprogramm (Auswahl)

U-Steine
240 x 175 x 238 mm
240 x 240 x 238 mm
248 x 300 x 248 mm
248 x 365 x 248 mm

Rolladenkasten
L x 365 x 300 mm
L x 365 x 250 mm
L x 300 x 300 mm
L x 300 x 250 mm

Deckenabmauerungsstein
498 x 115 x H mm
498 x 115 x H mm

Stahlbetonsturz
mit Dämmung (60 mm)
L x 300 x 248 mm
L x 365 x 248 mm

Wandaufbau

Die gemauerten Wände aus dem 240 mm dicken, gedämmten Blähtonstein bilden den Rohbau des Gebäudes. Für die aufgeklebte Aussendämmung im Wärmedämmverbundsystem kommen z. B. Mineralfaserplatten, PS- oder PU-Hartschaum in Frage. Innen und aussen werden die Wände mit einem Leichtputz versehen. Das Mauerwerk aus Blähtonstein bietet durch seine raue Oberfläche und die einheitlich geringe Wasseraufnahme einen sehr geeigneten Putzgrund.

Aufgrund des sehr einfachen Wandaufbaus ist das Blähtonstein-System besonders wirtschaftlich. Es sind keine Spezialhalterungen, Anker, Unterkonstruktionen oder spezielle Folien notwendig, was den Material- und Montageaufwand reduziert.

Wandaufbau
(von innen nach aussen / v.r.n.l)

Innenputz	10 mm
LIAPLAN ULTRA 010	240 mm
Mineralfaserplatten	140 mm
Aussenputz	20 mm
Total	410 mm

U-Wert: 0.15 W/(m²·K)

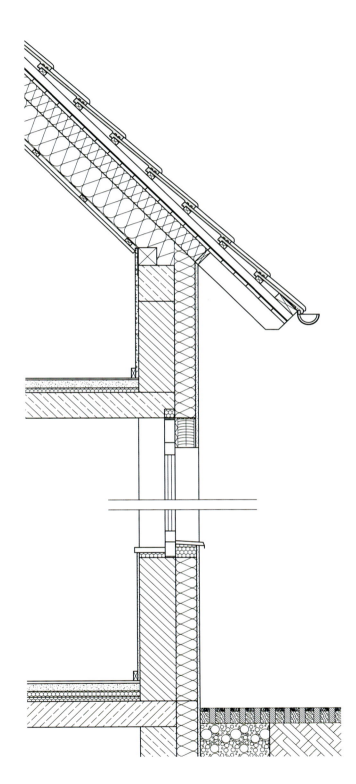

Das Versetzen der Bausteine erfolgt mittels eines mechanisch gesteuerten Versetzgerätes oder eines Versetzhammers. Der Mörtel wird mit einem Dünnbettmörtelschlitten aufgetragen.

▼

Raster

Das Mauerwerk der Blähtonstein-Konstruktion basiert auf einen 125 mm Raster, wie dies auch bei konventionellen Mauerwerken üblich ist. Die Lage der Fenster und Türen sind an diesen Raster angepasst zu planen. Mittels Spezialsteinen wie Höhenausgleichssteine, End- und Ecksteine sowie Sägesteine, die vor Ort nach Wunsch geschnitten werden können, bleibt genügend Spielraum für die architektonische Ausgestaltung des Gebäudes.

Montage

Die gedämmten Blähtonsteine wiegen je nach Festigkeitsklasse und Rohdichte 11–19 kg und haben Öffnungen für externe Griffhilfen. Mit einem Versetzhammer oder einem mechanisch gesteuerten Versetzgerät werden die Steine auf die Mörtelschicht versetzt, die mit einem Dünnbettmörtelschlitten gleichmässig aufgetragen wurde. Die Stossfugen werden mit Ausnahme der Stürze nicht vermörtelt. Für die Verarbeitung mit Dünnbettmörtel sind planebene und massgenaue

Steine eine wichtige Voraussetzung. Die Höhentoleranzen betragen maximal +/- 1 mm. Der Vorteil der Dünnbettvermörtelung ist der geringe Fugenanteil von lediglich 2 mm. Gegenüber der Dickbettvermörtelung mit einem Fugenanteil von 12 bis 15 mm kann Material gespart und die Feuchtigkeit im Mauerwerk reduziert werden. Schwachstellen werden somit verringert und zudem ist ein wirtschaftlicheres und schnelleres Verarbeiten gegenüber der Anwendung von Dickbettmörtel möglich. Die Steinoberseite der Blähtonsteine ist geschlossen, um den Dämmstoff im Stein zu schützen, das Eindringen von Wasser zu verhindern und ein gutes Auftragen des Dünnbettmörtels zu gewährleisten. Die Steinunterseite bleibt offen.

Für die Innenwände stehen ungedämmte Blähtonsteine in verschiedenen Grössen zur Verfügung. Sie sind auf das Aussenmauerwerk abgestimmt und werden ebenfalls mit Dünnbettmörtel verlegt. Die Innenwände werden stumpf an die Aussenwände gestossen und satt vermörtelt. Als Verbindung werden Flachanker oder Lochbandstreifen in das Mörtelbett eingelegt.

Bauphysik

Wärmeschutz

Der Blähtonstein aus innen luftigen Lias-Tonkugeln zeichnet sich durch seine guten Dämmeigenschaften aus. Die Luft in den Tonkugeln wird von einer harten Schale eingeschlossen, wodurch der Wärmetransport vermindert wird. Beim LIAPLAN ULTRA 010 schotten die Tonkugeln wiederum den innen liegenden Dämmstoff ab und vermindern dadurch ebenfalls Konvektion. Die Wärmeleitfähigkeit λ des Bausteins liegt bei 0.010 W/(m·K). Die hier präsentierte Blähtonstein-Wand mit dem 240 mm Stein und 140 mm Mineralfaserplatten hat eine spezifische Wärmespeicherfähigkeit von 210 kJ/(m²·K) und eine effektive Masse von 199 kg/m².

Tragverhalten

Blähtonsteine werden in unterschiedlichen Festigkeitsklassen produziert. Die zulässige Wanddruckspannung der hier beschriebenen Wand mit 240 mm LIAPLAN ULTRA 010 liegt bei F_x = 2.0 N/mm².
In oder unmittelbar unter jeder Deckenlage sind Ringanker anzuordnen. Mindestens zwei durchlaufende Rundstäbe müssen die vorhandenen Zugkräfte aufnehmen können. Die Ringbalken sind für alle horizontalen Zug- und Biegezugkräfte anzuordnen, wenn Decken ohne Scheibenwirkung verwendet werden.
Die Durchbiegung von Geschossdecken kann in leichten Trennwänden Schub- und Zugspannungen hervorrufen. Um zusätzliche Belastungen zu verhindern, soll die Mauerwerkswand im Auflagerbereich von der unteren Geschossdecke durch Anordnung von geeigneten Trennschichten (z. B. Folie) getrennt werden. Zwischen oberem Wandrand und oberer Geschossdecke sind verformungsfähige Zwischenschichten in genügender Dicke anzuordnen. Dies ist vor allem bei Wandlängen über 5 m von Bedeutung.
Im Anschlussbereich von Tür- und Fensteröffnungen können Putzrisse auftreten, die häufig auf die unterschiedliche Verformung unterschiedlich belasteter Wandabschnitte und auf die dynamische Beanspruchung von Fenster, Türen und Rollläden zurückzuführen sind. Sie beeinträchtigen das optische Erscheinungsbild, sind aber aus statischer Sicht

meist unbedenklich. Durch das Aufbringen von Armierungsgeweben können solche Risse vermindert werden.

Feuchteverhalten

Blähtonsteine gehören zu den nichtkapillaren Baustoffen, was bedeutet, dass sie eine geringe Saugfähigkeit besitzen. Die Wasseraufnahme beim Lagern, Vermauern und Verputzen sowie durch Witterungseinflüsse ist äusserst gering. Da die Blähtonsteine einen niedrigen Dampfdiffusionswiderstand ($\mu = 5$) haben, wird die Luftfeuchtigkeit stetig von innen nach aussen abgeführt und die Wände bleiben trocken.

Die Anwendung der Dünnbettvermörtelung ist eine weitere geeignete Massnahme, um den Feuchtegehalt im Mauerwerk zu minimieren und spätere Rissbildungen durch den Austrocknungsvorgang zu vermindern. Mittels eingebauten Lagerfugenbewehrungen im Brüstungsbereich lässt sich eine ausreichende Rissverteilung mit genügend kleinen Rissbreiten erreichen.

Schallschutz

Der 240 mm Blähtonstein erzielt bei einer Steinrohdichte von 136 kg/m² einen Schalldämmwert Rw von 42 dB. Zusammen mit den 140 Mineralfaserplatten und dem Innen- und Aussenputz beträgt der Schalldämmwert der ganzen Wand 46 dB. Durch die geschlossene Steinoberfläche werden Längsschallübertragungen zwischen den Geschossen vermieden.

Brandschutz

Das Brandverhalten der Blähtonsteine ist sehr gut. Die Konstruktion aus dem 240 mm Stein hat einen Feuerwiderstand von 180 Minuten. Auch die schmaleren Steine, die für die Innenwände eingesetzt werden, erzielen sehr gute Werte von 90 bis 120 Minuten. Ein Grund für den guten Brandschutz des Lias-Tons ist auf den Brennvorgang beim Herstellungsprozess zurückzuführen. Durch die Hitze schmilzt die Oberfläche der Tonkügelchen und bildet eine schützende Aussenhaut, die keramische Eigenschaften hat.

Produktion

Das Grundmaterial für die Porenton-Steine ist der vor rund 180 Millionen Jahren entstandene natürliche Lias-Ton aus den Jurameeren. Dieser Ton wird sehr fein gemahlen und zu kleinen Kügelchen von 3 bis 8 mm granuliert, die auf ca. 1200 °C erhitzt werden. Bei diesen Temperaturen verbrennen die organischen Stoffe und die Tonkügelchen blähen sich auf. Der feinporige Kern ist leicht und luftig, während sich aussen durch den Brennvorgang eine harte und äusserst widerstandsfähige Schale bildet. Die Tonkügelchen werden daraufhin mit aus Kalkstein gebranntem Zement und Wasser vermischt, zu einem massgenauen, planebenen Baustein geformt und in der Trockenkammer getrocknet. In die werkseitig offenen Steinkammern werden Styropor-Hartschaumkugeln verfüllt, die in einem speziellen Verfahren mit Dampfdruck punktförmig untereinander verbunden werden.

Ökologie

Aufgrund des Blähvorgangs beim Brennen des Tones können aus nur einem Kubikmeter Rohton fünf Kubikmeter Blähtonstein gewonnen werden. Die Abbauflächen werden nach Beendigung des Ton-Abbaus renaturiert bzw. rekultiviert. Moderne Rauchgasreinigungsanlagen sorgen bei der Herstellung für die Einhaltung gesetzlich vorgeschriebener Werte der Abluft. Blähtonsteine sind wieder verwendbar, bzw. können auf der Bauschuttdeponie gelagert werden. Eine Spezialbehandlung oder Sonderdeponierung ist nicht erforderlich. Auch Styropor lässt sich gut entsorgen. Er kann rückstandslos in Kehrichtverbrennungsanlagen verbrannt werden und dort die zusätzliche Stützfeuerung ersetzen.

Wirtschaftlichkeit

Die Konstruktion mit gedämmten Blähtonsteinen bietet aufgrund des sehr einfachen Wandaufbaus eine wirtschaftliche Lösung für einen hochgedämmten Massivbau an. Da die Bausteine selbst bereits gute Dämmeigenschaften aufweisen, können mit einer durchschnittlichen Aussendämmschicht die gewünschten Werte für ein Minergie-P- oder Passivhaus erreicht werden. Die Anwendung der Dünnbettvermörtelung sorgt für weitere Material- und Kosteneinsparungen. Der hier beschriebenen Wandaufbau kann mit Kosten von 170.- € pro m² realisiert werden.

Architektur: MAWO Bau- und Handels GmbH, D-79599 Wittlingen
Bauherrschaft: Dietmar Weik, D-79238 Norsingen

Gebäudebeispiel

In Staufen (D) wurde 2003 eine Doppelhaushälfte in Passivbauweise errichtet. Wegen dem teueren Fernwärmeanschluss suchte der Bauherr nach einer alternativen Bauweise bzw. Heizung. Daher wurde die Planung auf einen sehr niedrigen Energieverbrauch und einen hohen Gewinn an Sonnenenergie ausgerichtet.

Die Südwest-Seite des Gebäudes dominiert mit einer großen Fensterfront, um in der Übergangszeit und im Winter von der Sonneneinstrahlung zu profitieren. Im Sommer schützen elektrische Jalousien vor einer Überhitzung.

Der Wandaufbau mit LIAPLAN erreicht einen U-Wert von 0.15 W/(m²·K).

Der Heizwärmebedarf liegt bei 10.5 kWh/m²a. Für die kontrollierte Wohnraumlüftung mit Wärmerückgewinnung wurde eine Aerex-Wärmepumpe eingebaut. Die Frischluftzufuhr erfolgt über Rohre mit einem Durchmesser von 200 mm, die um das Haus verlegt wurden. Im Winter wärmt das Erdreich die kalte Außenluft auf, im Sommer ergibt sich ein kühlender Effekt. Auf dem Dach liefert eine Photovoltaikanlage pro Jahr ca. 3000 KWh, die ins Stromnetz eingespeist werden.

U-Werte	W/(m²·K)
Wände	0.15
Dach	0.10
Boden (Erdreich)	0.22
Fenster (inkl. Rahmen)	0.70

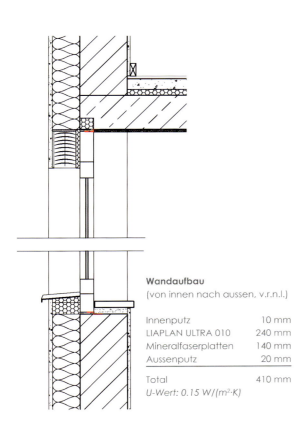

Wandaufbau
(von innen nach aussen, v.r.n.l.)

Innenputz	10 mm
LIAPLAN ULTRA 010	240 mm
Mineralfaserplatten	140 mm
Aussenputz	20 mm
Total	410 mm

U-Wert: 0.15 W/(m²·K)

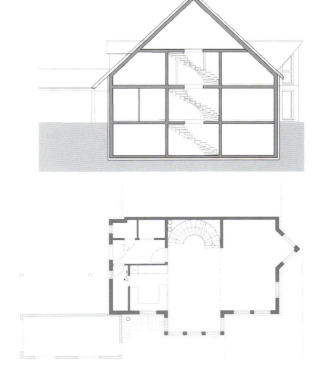

Kontaktinfos

Herrsteller der hier beschriebenen LIAPLAN
ULTRA 010 Bausteine ist die LIAPLAN GmbH
in D-79206 Breisach. www.liaplan.de

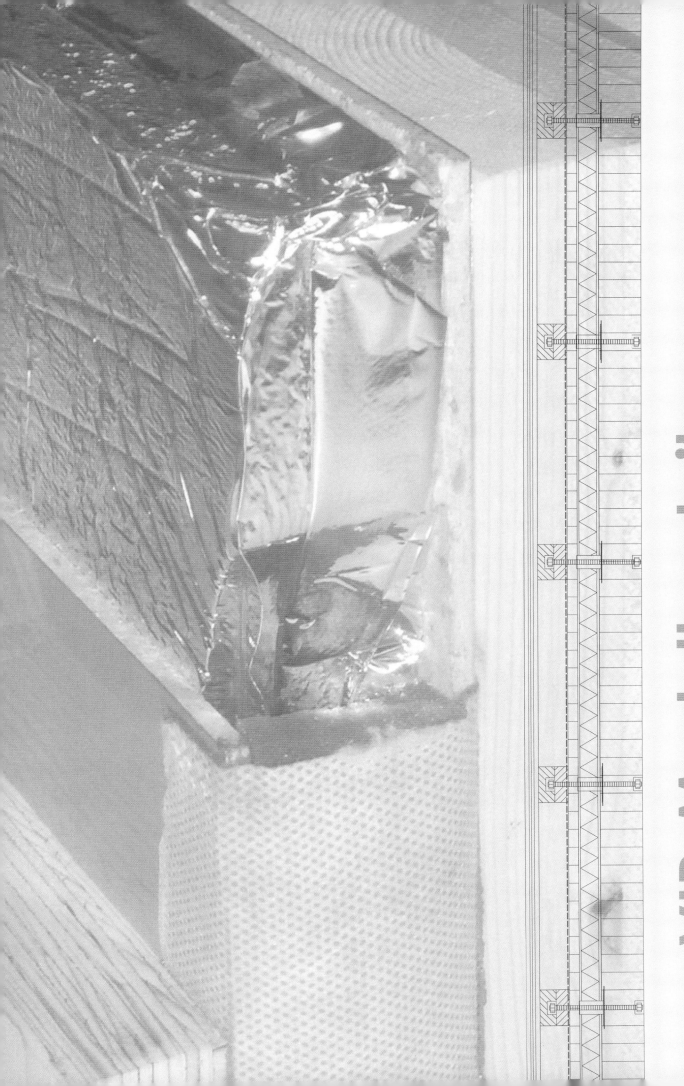

VIP-Modulbauteile

VIP-Modulbauteile

Die Dämmwirkung von Vakuum-Isolations-Paneelen (VIP) ist fünf- bis zehnfach besser als diejenige von herkömmlichen Dämm-materialien. Schlanke Wandaufbauten mit sehr tiefem U-Wert werden dadurch möglich. Schwachpunkt der VIP ist die Verletzbarkeit der Hülle und damit der Verlust des Vakuums, wodurch die Dämmwirkung stark abnimmt.

Eine neuartige Sandwichkonstruktion bietet nun die Möglichkeit einer modularen Bau-weise, bei der die integrierten VIP vor Beschä-digungen geschützt werden. Dieses neue System ist 2005 erstmals bei einem Demons-trationsobjekt eingesetzt worden und wird fortlaufend mit Messungen überprüft. Weitere Anwendungen sind geplant.

Systembeschrieb

Vakuum-Isolations-Paneele (VIP) aus mikro-poröser Kieselsäure haben schon bei einem groben Vakuum von 1 bis 10 mbar eine extrem geringe Wärmeleitfähigkeit λ von 0.004 W/(m·K). Damit das Vakuum erhalten bleibt, darf die mehrschichtige, gas- und wasserdampfdichte Hochbarrierefolie auf keinen Fall verletzt werden. Die VIP werden daher bei diesem neuen Wandsystem in eine Sandwichkonstruktion eingepackt, welche die empfindlichen Paneele vor mechanischer Beschädigung schützt. Diese vorgefertigten Fassadenelemente gibt es in verschiedenen Materialkombinationen wie Holz/Holz, Holz/Beton, Beton/Beton oder Beton/Ortbeton/Be-ton. Weitere Sandwichelemente sind für den Einsatz als Dach- und Bodenkonstruktion ent-wickelt worden. Mit einer Dämmstärke von le-diglich 30 bis 40 mm entsteht bereits eine für Passivhäuser geeignete Wandkonstruktion.

Anwendungsbereich

VIP-Modulbauteile werden vor allem bei Ob-jekten eingesetzt, bei denen wenig Platz zur Verfügung steht und möglichst viel Wohn-fläche erhalten bleiben soll. Die Module eignen sich aufgrund der schlanken Wand-stärke insbesondere auch für Sanierungen. Mehrgeschossiges Bauen ist bis zu fünf Stock-werken möglich. Die Vakuum-Isolations-Pa-neele kommen neben Fassaden-, Dach- und Boden-Konstruktionen auch bei Türen, Fens-tern, Dachgauben, Dachterrassen etc. zum Einsatz, was eine schlankere Ausbildung die-ser Elemente ermöglicht.

Vorteile

Verglichen mit einer konventionellen hoch gedämmten Wand erzielen VIP-Modulbauteile einen Wohnflächengewinn von bis zu 10 %. Ein weiterer Vorteil dieser schlanken Wände ist der erhöhte Tageslichteinfall.

Die Vorfertigung der Elemente unter industriellen Produktionsbedingungen sichert die Qualität und ermöglicht eine präzise Montage auf der Baustelle. Mechanische Beschädigungen der empfindlichen VIP bei der Montage werden durch die Ausbildung als robuste Sandwichelemente vermieden. Sämtliche Elemente der Gebäudehülle können mit VIP-Modulbauteilen gefertigt werden. Eine Kombination mit verschiedenen Materialien und Tragkonstruktionen ist möglich und bewirkt eine grosse gestalterische Vielfalt bei der Anwendung.

Nachteile

Die Anwendung von VIP im Bauwesen hat noch Prototyp-Charakter. Vorerst wird das System als Speziallösung für Problemzonen und Premium-Produkte am Markt angeboten werden. Erst nach weiteren Erfahrungen bei der Anwendung kann mit einem breiten Marktdurchbruch gerechnet werden. Insbesondere die Aspekte Wärmebrücken, Risiken auf der Baustelle, Feuchteproblematik, Brandbeständigkeit, Risiken während der Gebäudenutzung, Lebensdauer des Vakuums und Wartung bzw. Austausch beschädigter Paneele müssen noch gelöst werden. Das Bauen mit VIP-Modulbauteilen erfordert einen erhöhten Planungsaufwand. Die hohen Kosten der noch jungen VIP-Technologie lassen sich momentan kaum senken.

Wandaufbau

Mit der VIP-Modulbauteil-Konstruktion wurden verschiedene Wandaufbauten entwickelt, die sich entsprechend Einsatzort und Funktion voneinander unterscheiden.

Grundelement jedes Wandaufbaus ist die „Qasa light"-Platte, bestehend aus einem Vakuum-Isolations-Paneel, das beidseitig mit PUR-Massiv (Polyurethan) und Aluminium eingehaust ist. PUR-Massiv schützt den VIP-Kern vor mechanischen Belastungen. Die Aluminiumschicht dient als zusätzliche Diffusionssperrschicht. Der diffusionsdichte Randverbund aus Butylband bildet die äusserste Schicht der Platte.

Diese „Qasa light"-Platte, das Herzstück der Konstruktion, wird in eine Sandwichkonstruk-tion eingepackt, wodurch sie weiter vor mechanischer Beschädigung geschützt wird. Die äusseren Sandwich-Schichten bestehen aus Holz, Beton oder einer Mischbauweise aus beidem. Die einzelnen Schichten der Sandwichelemente werden je nach Materialwahl und Einsatzort durch Glasfaser-, Kohlefaser-oder Edelstahlanker zusammengehalten. Nachfolgende Isometrien zeigen zwei Beispiele für den Wandaufbau einer Sandwichkonstruktion. Das Holz/Holz-Modul eignet sich für Aussenwände ohne Feuchtigkeitseinwirkung, die Beton/Ortbeton/Beton-Konstruktion kann im Kellerbereich eingesetzt werden. Im Fassadenschnitt ist eine mögliche Anwendung der beiden Modulbauteile dargestellt.

Wandaufbau Holzelemente
(von innen nach aussen / v.r.n.l.)

PCM-Platte	15 mm
Massivholzwand (KLH)	94 mm
„Qasa light" 30 mm VIP-Kern	40 mm
Furnierschichtholz (Kerto)	33 mm
Abdichtung diffusionsoffen	
Konterlattung PUR massiv	35 mm
Fassadenverkleidung	20 mm
Total	237 mm

U-Wert: 0.15 W/(m²·K)

Wandaufbau Betonelemente, Erdreich
(von innen nach aussen / v.r.n.l.)

Betonfertigteil	60 mm
„Qasa light" 30 mm VIP-Kern	40 mm
Ortbeton	150 mm
Betonfertigteil	70 mm
Total	320 mm

U-Wert: 0.15 W/(m²·K)

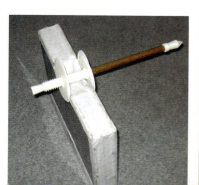

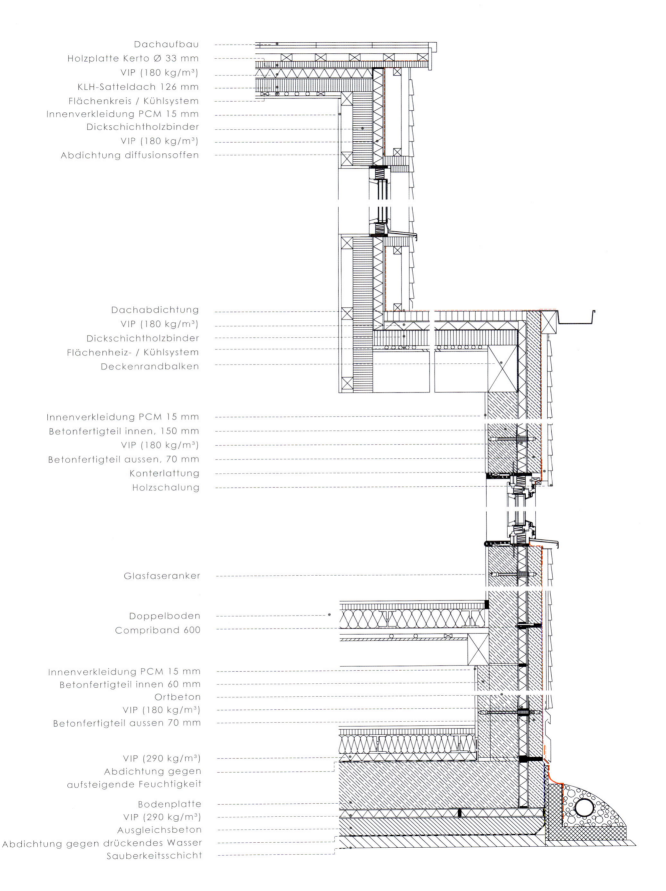

Dachaufbau
Holzplatte Kerto Ø 33 mm
VIP (180 kg/m³)
KLH-Satteldach 126 mm
Flächenkreis / Kühlsystem
Innenverkleidung PCM 15 mm
Dickschichtholzbinder
VIP (180 kg/m³)
Abdichtung diffusionsoffen

Dachabdichtung
VIP (180 kg/m³)
Dickschichtholzbinder
Flächenheiz- / Kühlsystem
Deckenrandbalken

Innenverkleidung PCM 15 mm
Betonfertigteil innen, 150 mm
VIP (180 kg/m³)
Betonfertigteil aussen, 70 mm
Konterlattung
Holzschalung

Glasfaseranker

Doppelboden
Compriband 600

Innenverkleidung PCM 15 mm
Betonfertigteil innen 60 mm
Ortbeton
VIP (180 kg/m³)
Betonfertigteil aussen 70 mm

VIP (290 kg/m³)
Abdichtung gegen
aufsteigende Feuchtigkeit

Bodenplatte
VIP (290 kg/m³)
Ausgleichsbeton
Abdichtung gegen drückendes Wasser
Sauberkeitsschicht

◄

VIP wird auch für die Dachkonstruktion eingesetzt. Die vorgefertigten Sandwichelemente werden auf der Baustelle mithilfe von Kranen montiert.

▶

Um die empfindlichen Vakuum-Isolations-Paneele in den Wänden nicht zu verletzen, werden alle Installationen in Hohlböden verlegt.

Grundelemente

Das Grundelement der hier vorgestellten Sandwichkonstruktion ist das Vakuum-Isolations-Paneel mit einem vollflächigen Schutzmantel aus massiver Polyurethan-Schicht. Weitere wichtige Elemente des Systems sind die Verbindungsanker, welche die VIP durchdringen und die äusseren Schalen der Sandwichkonstruktion zusammenhalten. Die Durchdringung der VIP findet in der Fuge zweier benachbarter Paneele statt. Die Einbuchtungen am Rand der VIP dienen als Ankerlöcher und werden mit einem vorkomprimiertem Dichtband (Kompriband) abgeklebt. Die Sandwichmodule werden üblicherweise durch Glasfaseranker zusammengehalten. Bei den Modulbauteilen aus Holz sowie bei den Betonbauteilen mit erhöhter Beanspruchung kommen Edelstahlanker zum Einsatz.

Raster

Bei den VIP-Modulbauteilen ist ein Raster äusserlich nicht erkennbar. Im Innern findet jedoch bei der Bestimmung der Plattengrösse der VIP beziehungsweise für die Positionierung der Anker eine Rastereinteilung statt. Der Raster ist von den statischen Bedingun-

gen der Konstruktion abhängig und wird individuell auf das Objekt bezogen angepasst. Der Grundraster beträgt 12.5 cm und bezieht sich auf einen Mauerwerks-Raster. Ein üblicher Ankerabstand entspricht zum Beispiel einem horizontalen und vertikalen Raster von 50 x 50 cm.

Montage

Der hohe Anspruch einer sorgfältigen Montage der Vakuum-Isolations-Paneele erfordert einen erhöhten Planungsaufwand und eine genaue Kontrolle auf der Baustelle. Absoluter Schutz vor mechanischer Beschädigung und Feuchtigkeit sind Voraussetzungen für die Funktionstüchtigkeit des Systems. Nachbesserungsmöglichkeiten bezüglich Dichtigkeit oder Wärmebrücken gibt es beim VIP-Modulbauteil-System (noch) keine. Die Bauzeit ist aufgrund des hohen Vorfertigungsgrads der Modulbauteile sehr kurz. Je nach den gegebenen Bauvoraussetzungen kann der Rohbau eines Einfamilienhauses innerhalb weniger Tage errichtet werden.

Für die Ausbildung einer Kellerwand im Erdreich, die einem allfälligen Hangdruck standhalten kann, wurde die teilvorgefertigte Konstruktion aus zwei Betonschalen mit einem

Zwischenraum von 15 cm und dazwischen integrierter VIP entwickelt. Im Hangbereich werden die Betonschalen durch Edelstahlanker miteinander verbunden, ansonsten kommen Glasfaseranker zum Einsatz. Bei der Montage wird eine solche Wand mit ihrem Zwischenraum über die vorstehenden Armierungseisen des Fundaments gestülpt und daraufhin mit Ortbeton aufgefüllt. Eine Lagerfuge gleicht die Ungenauigkeiten der Betonelemente aus.

Wände, die nicht im feuchten Erdreich zu liegen kommen, können zum Beispiel als fertige Holz/Holz-Sandwichelemente zur Baustelle gebracht und mittels Haltewinkeln an der Boden- bzw. Deckenplatte befestigt werden.

Selbst die Bodenplatte kann dank der robusten Sandwichkonstruktion mit VIP gedämmt werden. Entsprechend einem Verlegeplan werden die Dämmplatten verlegt und die Fugen sorgfältig mit einem Butyldichtband abgeklebt, damit keine Feuchtigkeit eindringen kann. Die Ausführung von Hohlböden erlaubt ein einfaches Verlegen aller Installationen, ohne dass die VIP beeinträchtigt werden. Eine Integration der Leitungen in den Wandmodulen beziehungsweise ein nachträgliches Ausspitzen ist wegen der Verletzbarkeit der VIP nicht möglich.

Bauphysik

Wärmeschutz

Aufgrund ihrer inneren Struktur haben die VIP eine äusserst geringe Wärmeleitfähigkeit von 0.004 W/(m·K). Eine Dämmplatte von 40 mm erreicht einen hervorragenden U-Wert von rund 0.1 W/(m²·K). Ein Holz/Holz-Sandwichmodul mit einem U-Wert von 0.15 W/(m²·K) hat eine effektive Masse von 96 kg/m². Die spezifische Wärmespeicherfähigkeit beträgt 156 kJ/(m²·K). Beim Beton/Ortbeton/Beton-Sandwichmodul betragen diese Werte 710 kg/m² und 299 kJ/(m²·K).

Tragverhalten

Das statische Verhalten der VIP-Sandwichelemente wurde anhand von Kurz- und Langzeitdruckbelastungsversuchen durch die LGA Würzburg* getestet. Der VIP-Kern bleibt bei einer Kurzzeitdruckbelastung bis ca. 2500 kN/m² intakt. Langzeitversuche ergeben bei einer Belastung mit 300 kN/m² über 50 Jahre eine Kriechverformungen von 3.5 bis 5 mm. Gemeinsames Konstruktionsprinzip aller Sandwichelemente ist ein Glasfaser- bzw. Edelstahlanker, der die Schichten punktuell auf Zug und Druck verbindet, ohne dass bedeutsame Wärmebrücken entstehen.

_____

* www.lga.de

Feuchteverhalten

Die Konstruktion mit VIP-Modulbauteilen erfordert eine Ausführung mit Dampfsperren. Bei eindringender Feuchtigkeit würde die Wärmeleitfähigkeit der VIP zunehmen und somit die Dämmwirkung abnehmen. Die VIP im „Qasa"-Bauteil sind doppelt diffusions- und luftdicht eingepackt, indem sie mit einer wasserdampfdichten Hochbarrierefolie verschweisst und zusätzlich mit diffusionsdichten Aluschichten ummantelt werden. Schwachpunkt sind die Bauteilfugen, die mit einem speziell entwickelten doppelten Dichtsystem gesichert werden müssen.

Schallschutz

Eine VIP-Sandwichkonstruktion hat je nach Ausführung einen Schalldämmwert R_w von 36 dB (Holz/Holz) bis 57 dB (Beton/Beton).

Brandschutz

Das Brandverhalten der „Qasa"-Elemente entspricht nach DIN 4108 der Klasse B1 „schwer entflammbar". Der VIP-Kern ist als A1 „nicht brennbar" zu klassieren. Vorerst werden Zulassungen im Einzelfall erteilt. Durch umfassende Prüfungspläne mit dem DIBT* in D-Berlin wird die Allgemeine bauaufsichtliche Zulassung für die „Qasa"-Elemente angestrebt.

* Deutsches Institut für Bautechnik, www.dibt.de

Produktion

Der Stützkörper des VIP besteht aus hochdisperser pyrogener Kieselsäure, Faserfilamenten und einem Infrarot-Trübungsmittel zur Reduktion des Wärmetransports mittels Strahlung. Diese Bestandteile werden miteinander gemischt und anschliessend gepresst. Die so entstandenen Platten können nach Wunsch zugeschnitten werden. Danach werden die VIP-Kerne mit einem Flies umhüllt und in den bereits 3-seitig versiegelten Folienbeutel eingebracht. Die einzelnen Folienschichten erfüllen Träger- bzw. Schutzfunktionen oder dienen als Schweissschicht.

In einer Vakuumkammer wird das Kernmaterial in die hoch gas- und wasserdampfdichte, mehrschichtige Hüllfolie eingeschweisst und evakuiert. Das Vakuum wird direkt nach Abschluss des Fertigungsprozesses in der Anlage geprüft. Generell werden die VIP in Dicken von 10 bis 40 mm produziert. Das maximale VIP-Format beträgt 1.25 x 3 m.

Vor dem Einbau in das Sandwichelement findet eine zweite Prüfung des Vakuums statt, damit nur einwandfreie VIP in die Weiterverarbeitung gelangen. Dann werden die fertigen Vakuum-Isolations-Paneele beidseitig mit PUR-Massiv-Platten und mit einer diffusionsdichten Deckschicht aus Aluminium ein-

gehaust. Die empfindlichen Paneele werden so zusätzlich vor mechanischer Beschädigung geschützt.

Der Einbau in die Holz- bzw. Beton-Sandwichkonstruktionen erfolgt in Lizenzbetrieben, welche die Grundelemente beim Hersteller beziehen und diese zu einem Fertigelement konfektionieren.

Ökologie

Das Vakuum-Isolations-Paneel kann vollständig rezykliert werden. Dank der hoch effizienten Dämmwirkung von VIP wird viel Dämmmaterial eingespart. Auch die als Schutzschicht angebrachten PUR-Massivplatten bestehen aus rezykliertem Material. Die ökologische Gesamtbewertung der Konstruktion hängt zusätzlich von der Materialwahl der äusseren Sandwichelemente (Holz oder Beton) ab.

Die Produktion und Verarbeitung der VIP-Modulbauteile findet in Europa mit lokalen Lizenz-Partnern statt, wodurch unnötige Transportemissionen vermieden werden.

Wirtschaftlichkeit

Der reine Materialpreis der VIP übersteigt die Kosten herkömmlicher Dämmmaterialien erheblich. Diese erhöhten Materialkosten werden jedoch teilweise durch die sehr guten λ-Werte kompensiert. Mit dem Einsatz von VIP kann gegenüber herkömmlichen Dämmmaterialien die Nutzfläche eines Gebäudes um bis zu 10 % erhöht werden. Je höher die Nutzflächenkosten einer Liegenschaft sind, desto interessanter wird der Einsatz von platzsparenden VIP. Die sehr kurze Bauzeit sowie die witterungsunabhängige Planungs- und Realisierungsphase sparen weitere Kosten.

Die Anwendung von VIP in der hier vorgestellten Kombination als Sandwichkonstruktion lässt sich bezüglich den Kosten zu diesem Zeitpunkt noch nicht beziffern. Ein Passivhaus mit VIP-Modulbauteilen soll in Zukunft unter dem Strich nicht mehr kosten als ein Passivhaus aus einem anderen Bausystem. Je nach Materialwahl der Sandwichmodule und der weiteren Ausführung ist für eine VIP-Modulbauteil-Wand zuzüglich der Fassaden mit Kosten ab 270.- € pro m² zu rechnen.

Architektur: Forstner Architekturbüro, D-92318 Neumarkt i. d. Oberpfalz
Bauherrschaft: VARIOTEC, D-92318 Neumarkt i. d. Oberpfalz

Gebäudebeispiel

Nach einer intensiven Planungs- und Bauzeit von drei Jahren ist 2005 das erste Passivhaus aus VIP-Modulbauteilen errichtet worden. Das Gebäude in schwieriger Hanglage stellte in Bezug auf Statik, Fugendichtigkeit und Feuchteschutz hohe Anforderungen an die verwendeten Fassadenelemente. Das Demonstrationsgebäude soll die Anwendungsmöglichkeiten von Vakuumdämmung demonstrieren. Es wurde in Holz-Beton-Mischbauweise errichtet, wobei für alle Bereiche inklusive Bodenplatte „Qasa"-Elemente – in Sandwichelemente integrierte Vakuumdämmung – verwendet wurden. Das Gebäude ist durchgängig mit 40 mm starken Vakuum-Isolations-Paneelen gedämmt.

Der Restwärmebedarf von 14 kWh/m²a wird über die Wärmerückgewinnung aus der Abluft, 12 m² Vakuumröhrenkollektoren mit Pufferspeicher sowie eine Wärmepumpe in Verbindung mit einer Warmwasserzisterne gedeckt. Die Photovoltaik-Anlage von 37 m² mit einer Gesamtleistung von rund 4 kWp sorgt für Strom. Über das Jahr gesehen ergibt sich so ein Nullheizenergiehaus. Das Gebäude ist mit einem passiven Heiz- und Kühlsystem mit PCM-Elementen in der Decke bzw. einem PCM-Putz an der Wand ausgerüstet.

U-Werte	W/(m²·K)
Holz-Wand Typ 150	0.12
Beton-Wand Typ 270	0.11
Beton-Wand Typ 330	0.11
Dach	0.12
Betonbodenplatte	0.06

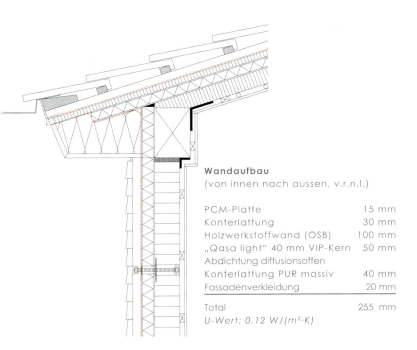

Wandaufbau
(von innen nach aussen, v.r.n.l.)

PCM-Platte	15 mm
Konterlattung	30 mm
Holzwerkstoffwand (OSB)	100 mm
„Qasa light" 40 mm VIP-Kern	50 mm
Abdichtung diffusionsoffen	
Konterlattung PUR massiv	40 mm
Fassadenverkleidung	20 mm
Total	255 mm

U-Wert: 0.12 W/(m²·K)

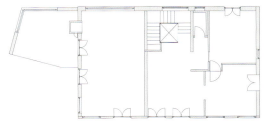

Kontaktinfos

Entwickelt wurden die VIP-Modulbauteile von der Firma VARIOTEC Sandwichelemente GmbH & Co. KG in D-92318 Neumarkt i. d. Oberpfalz.
Weitere Informationen sind erhältlich unter vip@variotec.de und www.variotec.de

113

Massivspeicherwand mit TWD

Massivspeicherwand mit TWD

Massivspeicherwände mit transparenter Wärmedämmung (TWD) nehmen die Sonnenenergie auf, speichern diese als Wärme und geben sie zeitverzögert an den Innenraum ab. Auf diese Weise wird die Wand von einem Verlustelement zu einem Gewinnelement, einer Wandheizung.

Das erste TWD-verwandte Fassadensystem wurde in den 1970er-Jahren von Felix Trombé erstellt (Trombéwand). Nach vertiefter Forschung und Entwicklung in den 80er-Jahren fand der Hauptdurchbruch in den 90er-Jahren mit TWD-Seriensystemen statt. Im deutschsprachigen Raum sind inzwischen mehrere Hundert Gebäude mit transparenter Wärmedämmung gedämmt.

Systembeschrieb

Der Aufbau einer TWD-Konstruktion besteht von innen nach aussen aus einer Massivwand, einem Luftraum mit TWD und einer Glasscheibe. Die Sonnenstrahlen durchdringen das Glas und den lichtdurchlässigen TWD-Körper, treffen auf die dunkel angestrichene Oberfläche der Massivwand (Absorber) und werden dort von kurzwelliger Strahlung in Wärme umgewandelt. Die TWD vermindert den Wärmetransport nach aussen und die „gefangene" Wärme wird von der Massivwand aufgenommen, gespeichert und zeitverzögert an den Innenraum abgegeben (Wandheizung). Über die Heizsaison führt dieser Solargewinn zu einer positiven Energiebilanz. Aufgrund der Glas- und TWD-Eigenschaften kommt bei flacher Einstrahlung im Winter viel Sonnenlicht auf den Absorber, bei steiler Einstrahlung im Sommer wird ein grosser Anteil des Lichts reflektiert. Dennoch ist im Sommerfall in der Regel ein Sonnenschutz notwendig.

Anwendungsbereich

Sowohl Neubauten als auch Sanierungen sind für die Anwendung von TWD geeignet. Für den Einsatz bei Altbauten sind massive, ungedämmte Wände eine Voraussetzung. Neubauten haben den Vorteil, dass die Konstruktion optimal ausgelegt und in einem kostengünstigen, regelmässigen Raster ausgeführt werden kann. Am sinnvollsten wird TWD an der Südfassade eingesetzt, Ost- und Westfassade sind ebenfalls denkbar, bringen aber weniger Ertrag und sind anfällig für eine Überhitzung im Sommer. Für die Nordfassade

kann TWD wegen der mangelnden Sonnen-einstrahlung nicht empfohlen werden. Besonders geeignet ist der Einsatz von TWD an sonnigen Höhenlagen (z. B. in den Alpen), wo die Heizsaison lang und der Solargewinn gross ist.

Vorteile

Weil die Massivwand die gespeicherte Wärme erst nach einigen Stunden abstrahlt, wird über den Tag-Nachtzyklus ein sehr ausgeglichenes, komfortables Raumklima erzeugt, das sich gut mit dem tagsüber erzielten, direkten Solargewinn durch die Fenster ergänzt. Dank der Solarnutzung erreicht die TWD-Wand trotz herkömmlicher Wandstärke über die Heizperiode statt einem Energieverlust einen Nettoenergiegewinn, was einem effektiven U-Wert kleiner als Null entspricht. Eine TWD-Wand ist multifunktional, indem sie für die Solargewinnung, Wärmespeicherung und Wärmeverteilung sorgt und zugleich die Tragkonstruktion des Gebäudes bildet.

Nachteile

Im Dezember und Januar sind im Mittelland nur kleine Wärmegewinne mit TWD zu erzielen. Demgegenüber muss für die meisten TWD-Systeme im Sommer eine Beschattungsvorrichtung vorgesehen werden, um eine Überhitzung zu vermeiden (Ausnahmen: z. B. Hütten im Alpinklima). Die Gesamtkosten von TWD-Wandheizungen inklusive Beschattungssystem sind relativ hoch, was den Marktdurchbruch erschwert hat. Für den Einsatz von TWD ist das Beiziehen von Experten zu empfehlen, damit das System korrekt ausgelegt wird.

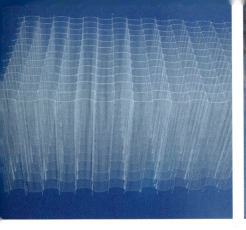

Grundelemente

Solarglas

Um eine maximale Solardurchlässigkeit zu gewährleisten, wird vorzugsweise ein eisenarmes Solarglas eingesetzt. Mit einer Dicke von 4 bis 8 mm schützt es die Konstruktion vor Witterung und mechanischer Beschädigung. Bei Verbundsystemen kommt anstelle des Solarglases ein Glasputz mit Glasvlies zum Einsatz.

TWD

Voraussetzungen für ein geeignetes TWD-Material sind gute Wärmedämmeigenschaften (U-Wert ≤ 1.0 W/(m²·K)) und gleichzeitig ein hoher Gesamtenergiedurchlassgrad (g-Wert ≥ 0.40). Zudem ist eine gute UV-, Temperatur- und Feuchtebeständigkeit von Bedeutung. Als TWD-Materialien kommen Kunststoffe, Glas oder Aerogel in Frage, die je nach Anwendung als Kapillarenform, Wabenstruktur, Stegplatten oder Kügelchen ausgebildet werden. Durchgesetzt haben sich hauptsächlich die Kunststoffe PMMA (Polymethylmethacrylat) sowie PC (Polycarbonat). TWD aus Glas ist sehr temperatur- und UV-beständig, hat sich jedoch aufgrund der hohen Kosten und des hohen Gewichts nicht als serienmässige TWD-Anwendung etablieren können. Aerogel ist eine mikroporöse Silikatstruktur mit einem Luftanteil von 90 % und wird in Form von Kügelchen in TWD-Elementen eingesetzt. Aufgrund der hohen Streuung ist Aerogel besonders für Tageslichtsysteme geeignet.*

---

* z. B. Nanogel® von Cabot

Massivwand

Für die Massivwand geeignete Materialien besitzen eine gute Wärmeleitfähigkeit und eine hohe Rohdichte von möglichst über 1200 kg/m³. Gemäss diesen Kriterien schneidet Beton am besten ab, Kalksandstein und Lehm eignen sich ebenfalls recht gut. Weniger geeignet ist hochporosierter Backstein, da er die Wärme weniger gut in den Raum leitet und sich absorberseitig sehr stark aufwärmen kann, was zu Rissen im Mauerwerk führen kann. Dehnfugen und Gleitlager helfen, die grossen Temperaturschwankungen in der Wand aufzunehmen.

Die besonnte Seite der Massivwand muss dunkel (am besten schwarz) gestrichen werden, um eine maximale Solarabsorption zu gewährleisten. Der Farbanstrich oder Klebstoff soll einen Absorptionsgrad von etwa 90 % aufweisen. Aus ästhetischen Gründen kann auch eine dunkle Farbe gewählt werden, wobei eine leichte Minderung des Absorptionsgrades in Kauf genommen werden muss. Selten werden auch dunkle Chromstahlplatten als Absorber verwendet, die eine hohe Solarabsorption und ein tiefes Wärmeemissionsvermögen aufweisen. Eine weitere Variante sind TWD-Module mit integrierten, dunklen Faserzementplatten als Komplettsystem. Die Wärmeübertragung von den Platten auf das Speichermedium führt zu einer Minderung des Energiegewinns von ca. 10 %.

Wandaufbau

TWD-Wände können als Holzfassade, Aluminiumfassade oder rahmenloses transparentes Wärmedämmverbundsystem ausgeführt werden. Die einzelnen Systeme unterscheiden sich bezüglich Montageablauf, Verschattungssysteme und Kosten.

Nebenstehender Fassadenschnitt zeigt das Beispiel eines Einhängsystems mit vorgefertigten TWD-Modulen und verschiedene Verschattungsmassnahmen zur Minderung der sommerlichen Überhitzungsgefahr. (Zusätzliche Verschattungsmassnahmen auf S. 121). Der Rahmen der Module besteht aus thermisch getrennten Aluminiumprofilen, die innere und äussere Abschlussfläche aus Glas. Zwischen dem äusseren Glas und der TWD sorgt ein Luftspalt für den nötigen Druckausgleich. Das TWD-Material bildet eine Struktur aus fassadensenkrechten Kunststoffröhrchen. Die kastenartigen Module werden mit einem Einhängsystem an der schwarz gestrichenen Speicherwand befestigt.

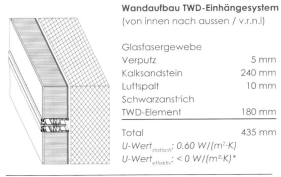

Wandaufbau TWD-Einhängesystem
(von innen nach aussen / v.r.n.l)

Glasfasergewebe	
Verputz	5 mm
Kalksandstein	240 mm
Luftspalt	10 mm
Schwarzanstrich	
TWD-Element	180 mm
Total	435 mm

$U\text{-Wert}_{statisch}$: 0.60 W/(m²·K)
$U\text{-Wert}_{effektiv}$: < 0 W/(m²·K)*

---

* Energiegewinne abhängig von Standort und Orientierung

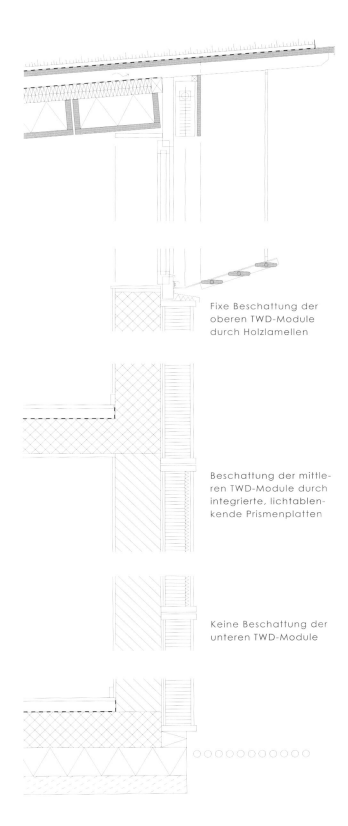

Fixe Beschattung der oberen TWD-Module durch Holzlamellen

Beschattung der mittleren TWD-Module durch integrierte, lichtablenkende Prismenplatten

Keine Beschattung der unteren TWD-Module

► Das TWD-Verbundsystem (dunkle Flächen) wird ohne Rahmen direkt auf die Wand geklebt. Die Gestaltung ist an keinen Raster gebunden.

Raster

Die Konstruktionsweise einer TWD-Fassade bedingt meistens die Ausbildung eines Rasters. Je grösser dieser Raster ist, desto geringer wird der Rahmenanteil und desto mehr Solarenergie kann genutzt werden. Die Rastermasse sind innerhalb der maximalen Elementgrössen frei wählbar. Anders als bei den vorfabrizierten Einhängsystemen und den Pfosten-Riegel-Konstruktionen aus Holz oder Aluminium sind TWD-Verbundsysteme nicht mit einem Rahmen versehen. Diese Elemente werden flächenweise in die Dämmschicht einer Wand integriert, was die Gestaltung eines Flächenmusters in der Fassade erlaubt.

Montage

Die filigranen TWD-Strukturen sind empfindlich, schmutzanfällig und für die Montage auf der Baustelle nicht geeignet. Daher werden bereits vorfabrizierte TWD-Elemente auf die Baustelle gebracht und mithilfe einer Unterkonstruktion montiert. TWD-Verbundsysteme werden als Komplettmodule inklusive Absorber ohne Unterkonstruktion direkt zwischen die Dämmung an die Wand geklebt.

Bauphysik

Wärmeschutz

Bei TWD-Wänden spielt der Wärmegewinn eine grosse Rolle. Während der statische U-Wert der hier beschriebenen Wand 0.60 W/(m²·K) beträgt und nicht den Anforderungen des Minergie-P- oder Passivhaus-Standards entspricht, wird der effektive U-Wert unter der Berücksichtigung der Solargewinne kleiner als Null, was einen Nettoenergiegewinn bedeutet. Mit einem Gesamtenergiedurchlassgrad (g-Wert) von 0.65 liefert die Südfassade mit TWD während der Heizperiode einen durchschnittlichen nutzbaren Energiegewinn von ca. 100 kWh/m²$_{TWD}$.

TWD-Module (inkl. Rahmen) haben einen *statischen* U-Wert ≤ 1.0 W/(m²·K). Die TWD-Struktur beinhaltet ruhende Luft, was den konvektiven Wärmetransport unterdrückt und für einen guten Wärmedämmeffekt sorgt. Die mittlere Wärmeleitfähigkeit λ des hier präsentierten TWD-Elementes beträgt ca. 0.1 W/(m·K). Die Kalksandsteinwand, im Beispiel mit einer Dichte von 2000 kg/m³, kann viel Wärme speichern. Die spezifische Wärmespeicherfähigkeit beträgt 430 kJ/(m²·K). Der gewählte schwere Kalksandstein mit λ ca. 1.1 W/(m·K) leitet die Wärme gut in Richtung Raum.

Überhitzungsschutz

In den meisten Fällen ist im Sommer eine Beschattung der TWD-Wand notwendig. Es gibt fixe oder bewegliche Systeme, die auf der Aussenseite der Wand angebracht oder in den TWD-Modulen integriert sind.

Äussere Verschattungs-Systeme:

• Bewegliche Sonnenschutzsysteme (z. B. Lamellen-Storen oder Stoffrollos): gezielte Beschattung, aufwändig in Anschaffung und Betrieb.

• Fixe vorgehängte Lammellensysteme oder Vordächer: einfacher, günstiger, weniger gezielte Beschattung, Reduktion der gewünschten Einstrahlung.

Integrierte Verschattungs-Systeme:

• Integrierte Jalousien, Rollos oder Kammerplissee-Verschattungen: vor Witterungseinflüssen geschützt, konstruktiv aufwändig, hohe Temperaturbelastungen.

• Integrierte lichtlenkende Prismenplatten aus Plexiglas: flache Winterstrahlung kommt durch, steile Sommerstrahlung wird reflektiert (siehe Schema).

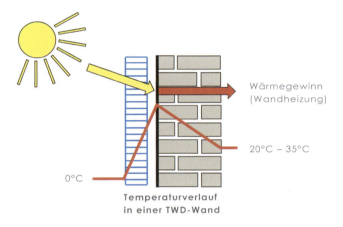

Temperaturverlauf in einer TWD-Wand

Wärmegewinn (Wandheizung)

20°C – 35°C

0°C

21. Dez
21. Juni

Solare Wandheizung ohne Prismenplatten

21. Dez
21. Juni

Solare Wandheizung mit Prismenplatten

Tragverhalten

Bei bestehenden Gebäuden ist allenfalls zu prüfen, ob die zusätzlichen Lasten der TWD-Elemente von der bestehenden Massivwand aufgenommen werden können. Pfosten-Riegel- oder Modulkonstruktionen wiegen je nach Aufbau 20 bis 40 kg/m². TWD-Verbundsysteme sind mit 6 kg/m² wesentlich leichter. Sie benötigen jedoch eine ebene und tragfähige Aussenoberfläche der Massivwand, da sie auf diese aufgeklebt werden.

Feuchteverhalten

Bei transparent gedämmten Massivwänden ist die äussere Wandoberfläche über die Heizperiode im Mittel wärmer als die Innenoberfläche. Die äussere Verglasung, die quasi als aussen liegende Dampfsperre wirkt, stellt somit kein bauphysikalisches Problem dar. Kondensaterscheinungen auf der Verglasung können vorkommen, stellen jedoch allgemein nur eine kurzzeitige Ausnahme dar. Ursachen dafür sind das Austreiben von gebundenem Wasser aus dem TWD-Material (hauptsächlich bei PMMA), Montagefehler während der Bauzeit oder das Eintreten feuchter Luft über die Druckausgleichsöffnungen in den TWD-Modulen.

Schallschutz

Der Schallschutz einer TWD-Konstruktion ist dank der Wirkung der Massivwand sehr gut. Meistens reicht der Schalldämmwert des Mauerwerks bereits aus, um die üblichen Anforderungen zu erfüllen. Der Schalldämmwert der 240 mm dicken Kalksandstein-Wand (2000 kg/m³) beträgt ca. 56 dB.
Ein zusätzlicher Schallschutz durch die transparente Wärmedämmung wird irrelevant. Dennoch können einzelne Module einen Beitrag zum Schallschutz leisten, da sie zum Teil sogar bessere Schalldämmwerte als Mehrfach-Isolier-Verglasungen aufweisen können.

Brandschutz

Bei der Einhaltung der Brandschutzanforderungen ist die Höhe des Gebäudes entscheidend. Im Allgemeinen erfüllen sämtliche marktgängigen TWD-Materialien, sofern sie hinter Glas eingesetzt werden, die Anforderungen für 2-geschossige Gebäude. Das Brandverhalten von TWD unterscheidet sich je nach Materialwahl beträchtlich. PMMA ist leicht entflammbar, PC ist schwer entflammbar, Glas und Aerogel gelten als nicht brennbar.

Produktion

Bei der Herstellung von TWD aus PMMA und PC, den häufigsten TWD-Materialien, wird das granulatförmige Ausgangsmaterial über einen Extrusionsprozess zu dünnwandigen Strukturen verarbeitet. Die spätere Qualität des Materials hängt stark von den Randparametern des gesamten Herstellungsprozesses (Temperatur, Ziehgeschwindigkeit usw.) ab. Für die optische Qualität sind z. B. die Schnittkanten sowie die Welligkeit der Strukturwände entscheidend. Für die meisten TWD-Module werden minimale und maximale Grössen vorgegeben, um Herstellung, Transport und Montage zu vereinfachen.

Ökologie

Der Primärenergiegehalt typischer TWD-Fassaden liegt zwischen 200 und 1000 kWh/m². Davon beansprucht das eigentliche TWD-Material lediglich 70 bis 90 kWh/m². Der grösste Anteil an Primärenergiebedarf geht in die Abdeckscheiben und falls vorhanden in Aluminiumprofile und Verschattungssysteme. Die energetische Amortisation liegt durchschnittlich bei zwei bis fünf Jahren.

Das Recycling von PMMA und unbehandeltem Glas ist gut möglich, PC hingegen lässt sich nur aufwändig rezyklieren. Neben den eingesetzten Materialien sind auch die Verbindungstechniken relevant. Pfosten-Riegelfassaden lassen sich leicht demontieren und in ihre Einzelteile zerlegen, während dies bei transparenten Wärmedämmverbundsystemen nicht möglich ist.

Wirtschaftlichkeit

Die Massivspeicherwand mit TWD gehört mit rund 400.- bis 650.- € pro m² für Holzmodulfassaden, 450.- bis 750.- € pro m² für Aluminumfassaden und 200.- bis 400.- € pro m² für TWD-Verbundsysteme zu den kostenintensivsten Konstruktionsarten für energieeffiziente Gebäude. Durch eine Produktionssteigerung oder Neuentwicklungen ist momentan keine Kostensenkung absehbar. Gewisse Mehrkosten der TWD-Fassade lassen sich jedoch durch den produzierten Wärmegewinn zu Heizzwecken und den erhöhten Wohnkomfort in den angrenzenden Räumen rechtfertigen. Die als Flächenheizung wirksame Massivwand sorgt für ausgeglichene Raumtemperaturen und erreicht auf der raumseitigen Oberfläche der TWD-Konstruktion angenehme Temperaturen zwischen 20 °C und 35 °C. Das Image nach aussen ist ein weiterer Anreiz für eine TWD-Fassade, da sich damit Innovation und Umweltbewusstsein gut demonstrieren lassen.

Architektur: Peter Dransfeld, CH-8272 Ermatingen
Bauherrschaft: T. Bruppacher, CH-9100 Herisau

Gebäudebeispiel

Energetisches Hauptelement des 1998 in Herisau errichteten Solarhauses *Höhiblick* ist die solare Wandheizung mit der transparenten Wärmedämmung „SolFas" an der Südfassade. Der grosszügige Fassadenraster mit einer Breite von 210 mm führt zu einem geringen Randanteil und steigert die Solargewinne der TWD-Elemente. Die Ost-, West- und Nordfassaden des Gebäudes sind beim massiven Erdgeschoss mit XPS-Dämmung von 140–160 mm versehen, beim Obergeschoss in Holzleichtbauweise mit 240–280 mm Zellulose, Mineralfaser und Holzfaser.

12 m² Vakuumröhrenkollektoren liefern Solarwärme an das Kombisystem für die Bereitstellung von Brauchwarmwasser und Raumwärme. Zur Deckung des Restwärmebedarfs dient ein Stückholzofen im Wohnzimmer mit einer Leistung von 1.5 kW für die Wärmeabgabe an den Raum und 11 kW für die Erwärmung des Speichers über einen Wasserkreislauf. In der Heizsaison 98/99 wurde dieser Ofen an 45 Tagen eingefeuert. Der Energiebedarf für Heizung und Warmwasser des Solarhauses, das nur von einer Person bewohnt wird, beträgt 11 kWh/m²a.

U-Werte	W/(m²·K)
Wände EG	0.20
Wände OG	0.20
Südfassade $TWD_{statisch}$	0.50
Südfassade $TWD_{effektiv}$	< 0.00
Dach	0.20
Boden	0.20

Wandaufbau Ost (Grundriss EG)

(von innen nach aussen, v.l.n.r.)

Glasfasergewebe

Verputz	15 mm
Kalksandstein	150 mm
XPS	140 mm
Hinterlüftung	20 mm
Deckelschalung	40 mm
Total	365 mm

U-Wert: 0.20 W/(m²·K)

Wandaufbau Süd (Grundriss EG)

(von innen nach aussen, v.o.n.u.)

Glasfasergewebe

Verputz	15 mm
Kalksandstein	250 mm
Schwarzanstrich	
TWD-Element	180 mm
Total	445 mm

$U\text{-Wert}_{statisch}$: 0.50 W/(m²·K)
$U\text{-Wert}_{effektiv}$: < 0.00 W/(m²·K)

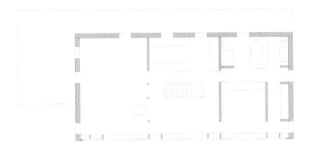

Kontaktinfos

Entwickler des hier beschriebenen TWD-Elementes „SolFas" ist die Ernst Schweizer AG, Metallbau, CH-8908 Hedingen.
www.schweizer-metallbau.ch

Planungshinweise und weitere Informationen zu TWD sind beim Fachverband TWD unter www.umwelt-wand.de erhältlich.

125

Dämmmaterialien

Einleitung

Die Wärmedämmung von Gebäuden hat in den letzten Jahren einen sehr hohen Stellenwert erhalten. Mit den zunehmenden Energiekosten wird die Senkung der Heizkosten dank einer guten Dämmung immer mehr geschätzt. Zudem führt ein hoher Dämmstandard zu ausgeglichenen Oberflächentemperaturen im Rauminnern und trägt sowohl im Winter als auch im Sommer zu einem erhöhten Wohnkomfort bei.

In Deutschland kommen laut Fachagentur Nachwachsende Rohstoffe jährlich rund 30 Millionen Kubikmeter Stoffe zur Wärme- und Schalldämmung zum Einsatz. In der Schweiz sind es rund ein Zehntel davon. Gemäss Flumroc AG beträgt der Einsatz von Schaum- und Steinwolle (die am häufigsten verwendeten Dämmstoffe) in der Schweiz ca. 2.7 Millionen Kubikmeter pro Jahr.

Aus konstruktiver Sicht wird zwischen Aussendämmung, Kerndämmung und Innendämmung unterschieden. Die Aussendämmung gehört zu den häufigsten Anwendungen. Besonders im Trend sind kompakte Wärmedämmverbundsysteme WDVS. Dafür werden Wärmedämmplatten eingesetzt, die meistens aus Hartschaumdämmung (z. B. Polystyrol) oder Mineraldämmstoff (z. B. Steinwolle) bestehen. Die Dämmplatten werden mittels Klebemörtel, Dübeln oder Halteleisten an der Aussenwand befestigt. Danach werden sie mit einem Armierungsgewebe versehen und verputzt.

Bei Holzrahmen- bzw. Ständerkonstruktionen kommt die Dämmung zwischen die Tragstruktur zu liegen. Weil die Holzständer im Vergleich zur Dämmung als Wärmbrücken wirken, werden solche Konstruktionen zusätzlich mit einer Aussendämmung versehen.

Die Innendämmung wird vorwiegend bei Spezialfällen, z. B. bei der Sanierung einer denkmalgeschützten Fassade, eingesetzt. Da die Innendämmung mit bauphysikalischen Schwierigkeiten behaftet ist, erfordert diese eine besonders sorgfältige Ausführung.

Wie wichtig eine durchgehende und wärmebrückenfreie Dämmung der Gebäudehülle ist, demonstriert nebenstehendes Infrarotbild. Das Bild links zeigt das Gebäude ungedämmt und ohne Wärmedämmfenster. Beim rechten Bild ist das Gebäude gedämmt und mit Wärmedämmfenstern ausgeführt. Die roten und gelben Färbungen deuten auf einen hohen Wärmeverlust hin. Die blauen Oberflächen stellen kalte Oberflächen dar, wo kaum Wärme von innen nach aussen gelangt.

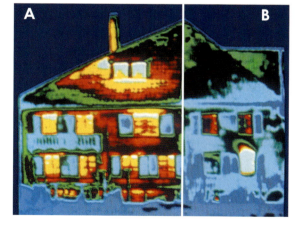

Dämmmaterialien

- **anorganisch**
  - Glaswolle
  - Perlite / Blähton
  - Steinwolle
  - Schaumglas
- **organisch**
  - **künstlich**
    - Neopor
    - Polystyrol
    - Polyurethan
  - **natürlich**
    - Flachs
    - Hanf
    - Holzfasern
    - Holzwolle
    - Kokosfasern
    - Kork
    - Schafwolle
    - Stroh
    - Zellulose

Die in diesem Buch vorgestellten Konstruktionssysteme sind mit unterschiedlichen Dämmmaterialien ausgeführt. Es wird grundsätzlich zwischen organischen und anorganischen Dämmmaterialien unterschieden. Die organischen Materialien können weiter in künstliche oder natürliche (nachwachsende) Dämmstoffe eingeteilt werden.

Am häufigsten werden mineralische Produkte aus Glas- oder Steinwolle sowie fossile Produkte aus Polystyrol verwendet. Lediglich sechs Prozent der gewählten Dämmmaterialien sind natürlichen organischen Ursprungs. Gründe für die geringe Verbreitung sind ihr höherer Preis sowie Skepsis gegenüber den Gebrauchseigenschaften. Zudem müssen organische Produkte zum Teil gegen Schädlinge behandelt und brandsicher gemacht werden.

Um den Marktanteil natürlicher Dämmstoffe zu erhöhen, werden diese zum Teil mit Fördermassnahmen unterstützt.

Es gibt einige Argumente, die für den Einsatz von nachwachsenden Dämmstoffen sprechen. Die natürlichen Materialien gelten als gesundheitlich unbedenklich, sind weitgehend CO_2-neutral, problemlos rezyklierbar und schonen die endlichen fossilen Rohstoffe wie Erdöl, Erdgas und Kohle. Insbesondere Naturfaserdämmstoffe aus Altpapier und Holz haben sich bereits gut am Markt etabliert.

Auf den nachfolgenden Seiten ist eine Übersicht von Dämmstoffen dargestellt. Anhand einer Auswahl von Dämmmaterialien werden deren wichtigsten Eigenschaften sowie Hinweise zur Herstellung und Einsatzmöglichkeiten zusammenfassend erläutert.

Mineralwolle

Als Mineralwolle werden Dämmstoffe aus Stein- oder Glaswolle bezeichnet. Sie sind vielseitig vom Keller bis zum Dach einsetzbar und gehören zu den am häufigsten verwendeten Dämmstoffen. Die handelsüblichen Formen sind Platten, Filze oder Rollen. Mineralwollprodukte weisen sehr gute Dampfdiffusionseigenschaften auf, sind unbrennbar, faulen nicht, werden nicht von Schimmelpilz oder Ungeziefer angegriffen und nehmen weder Feuchtigkeit noch Gerüche auf. Die Mineralfasern sind gegen UV-Strahlung unempfindlich.

Steinwollfasern bestehen aus Dolomit, Basalt, Diabas und Recyclingmaterial. Glaswollfasern bestehen bis zu 70 % aus Altglas sowie Sand und Kalkstein. Zusätzlich werden bei beiden Dämmstoffen Bindemittel (Phenolharze) sowie Mineralöl zur Staubbindung beigefügt. Beim Herstellungsverfahren werden die Bestandteile geschmolzen, in flüssigem Zustand zu Fasern versponnen und Wasser abweisend imprägniert. Im Härteofen werden je nach Verdichtung des Rohfilzes das Raumgewicht und die Dicke festgelegt. Danach wird die Mineralwolle zu Platten oder Matten zugeschnitten.

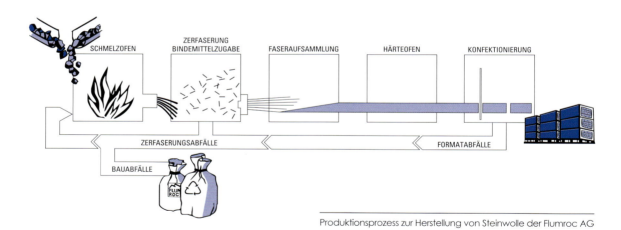

Produktionsprozess zur Herstellung von Steinwolle der Flumroc AG

Kontaktinfos für Steinwolle

Flumroc AG, www.flumroc.ch

Saint-Gobain Isover G+H AG, www.isover.de

RÖFIX AG, Baustoffwerke, www.roefix.com

ZZ Wancor, www.zzwancor.ch

Sto AG, www.sto.de

Kontaktinfos für Glaswolle

SAGER AG, www.sager.ch

Saint-Gobain Isover G+H AG, www.isover.de

RÖFIX AG, Baustoffwerke, www.roefix.com

Materialkennwerte für das Beispiel Steinwolle*	Materialkennwerte für das Beispiel Glaswolle*
Wärmeleitfähigkeit λ 0.034 – 0.036 W/(m·K)	**Wärmeleitfähigkeit λ** 0.032 - 0.039 W/(m·K)
Dämmstoffdicke, um einen U-Wert von 0.15 W/(m²·K) zu erreichen 220 – 280 mm (je nach Konstruktionsart und Aufbau)	**Dämmstoffdicke, um einen U-Wert von 0.15 W/(m²·K) zu erreichen** ab 210 mm (je nach Konstruktionsart und Aufbau)
Rohdichte ρ 32 – 90 kg/m³	**Rohdichte ρ** 18 – 50 kg/m³
Spezifische Wärmekapazität 830 J/(kg·K)	**Spezifische Wärmekapazität** 1332 J/(kg·K)
Wasserdampf-Diffusionswiderstandszahl μ ca. 1	**Wasserdampf-Diffusionswiderstandszahl μ** ca. 1.5
Brennbarkeitsklasse A1 (nicht brennbar)	**Brennbarkeitsklasse** A1 (nicht brennbar)
Kosten (für die oben genannten Dämmstärken inkl. MwSt., exkl. Montage, Unterkonstr.) 83 – 350 €/m³	**Kosten** (für die oben genannten Dämmstärken inkl. MwSt., exkl. Montage, Unterkonstr.) 83 – 200 €/m³
Kosten pro Wärmedurchlasswiderstand ca. 3.00 – 11.90 €/(m²·K/W)	**Kosten pro Wärmedurchlasswiderstand** ca. 3.20 – 6.40 €/(m²·K/W)

* Werte von Steinwolle-Fassadendämmung der Flumroc AG

* Werte von Glaswolle-Fassadendämmung der SAGER AG

Schaumdämmstoffe (EPS, XPS, PUR)

Neben Mineralfasern werden Schaumdämmstoffe in Form von Platten, Bahnen oder Blöcken im Hochbau am häufigsten verwendet. In der Bauanwendung kommen schwerentflammbare Schaumstoffe zum Einsatz. Modifizierte Schaumstoffe sind auch für von Feuchtigkeit beanspruchte Einsatzgebiete geeignet. Beim Polystyrol wird zwischen expandiertem Polystyrol (EPS) und extrudiertem Polystyrol (XPS) unterschieden. EPS wird hauptsächlich bei der Fassadendämmung (Kompaktfassade bzw. WDVS), unter Estrich oder im Dach- und Deckenbereich eingesetzt. XPS-Platten, die eine wesentlich höhere Druckfestigkeit besitzen als EPS, eigenen sich besonders für die Dämmung der Kelleraussenwand bzw. für Flachdächer. Eine Weiterentwicklung von Polystyrol ist der Dämmstoff Neopor®, erkennbar durch seine graue Färbung, der noch bessere Dämmwerte erzielt. Ein neues Produkt Capatect-WDVS besteht aus einer Mischung aus Polystyrol und Neopor®, was weitere Materialvorteile bringt. Polyurethan-Dämmstoffe (PUR) werden oft in Sandwichelementen, mit Aluminium kaschiert, eingesetzt.

Rohstoffbasis zur Herstellung der Schaumstoffe ist Erdöl. Die Ressourcen sind daher beschränkt. Beim Herstellungsprozess werden Schaumstoffe auf das bis zu 50fache Volumen aufgeschäumt. Dazu werden heute FCKW-freie Zellgase eingesetzt.

**Materialkennwerte
für das Beispiel Neopor®***

Wärmeleitfähigkeit λ
0.032 W/(m·K)

Dämmstoffdicke, um einen U-Wert von 0.15 W/(m²·K) zu erreichen
ab 210 mm

Rohdichte ρ
ca. 17 kg/m³

Spezifische Wärmekapazität
1210 J/(kg·K)

Wasserdampf-Diffusionswiderstandszahl μ
40

Brennbarkeitsklasse
B1 (schwer entflammbar)

Kosten
(Inkl. MwSt., exkl. Montage, Unterkonstr.)
80 – 120 €/m³

Kosten pro Wärmedurchlasswiderstand
ca. 2.60 – 3.80 €/(m²·K/W)

* Werte der Firmen BASF und SAGER AG

Kontaktinfos

BASF, www.neopor.de
SAGER AG, www.sager.ch
CAPAROL GmbH, www.caparol.com
RÖFIX AG, Baustoffwerke, www.roefix.com
ZZ Wancor, www.zzwancor.ch
Sto AG, www.sto.de

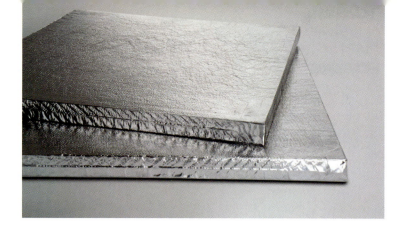

Vakuum-Isolations-Paneele (VIP)

Das Kernmaterial von Vakuum-Isolations-Paneelen (VIP) besteht aus hochdisperser pyrogener Kieselsäure, Faserfilamenten und einem Infrarot-Trübungsmittel zur Reduktion des Wärmetransports mittels Strahlung. In einer Vakuumkammer wird das Kernmaterial in eine hoch gas- und wasserdampfdichte, mehrschichtige Hüllfolie eingeschweisst und evakuiert.

Die Dämmwirkung von VIP ist fünf- bis zehnfach besser als diejenige von herkömmlichen Dämmmaterialien, was schlanke Wandaufbauten mit sehr tiefem U-Wert ermöglicht. Die Paneele eignen sich daher insbesondere für den Einsatz bei Sanierungen und Projekten, wo wenig Platz vorhanden ist. Schwachpunkt der VIP ist die Verletzbarkeit der Hülle und damit der Verlust des Vakuums, wodurch die Dämmwirkung stark abnimmt. Neu entwickelte Sandwichkonstruktionen (siehe S. 103 ff.) schützen die empfindlichen Paneele und machen den Einsatz auf der Baustelle einfacher. In der jungen VIP-Technologie ist noch wenig Erfahrung über das Langzeitverhalten vorhanden.

Der Materialpreis für eine VIP-Dämmung übersteigt die Kosten herkömmlicher Dämmmaterialien erheblich. Es ist jedoch zu berücksichtigen, dass durch die schlanken Wandaufbauten eine bessere Ausnützung der Grundstückfläche möglich wird.

**Materialkennwerte
für Vakuum-Isolations-Paneele***

Wärmeleitfähigkeit λ
0.005 W/(m·K)

Dämmstoffdicke, um einen U-Wert von 0.15 W/(m²·K) zu erreichen
33 mm

Rohdichte ρ
150 – 300 kg/m³

Spezifische Wärmekapazität
1050 J/(kg·K)

Wasserdampf-Diffusionswiderstandszahl μ
5.000.000

Brennbarkeitsklasse (Kernmaterial)
A1 (nicht brennbar)

Kosten
(Inkl. MwSt., exkl. Montage, Unterkonstr.)
2500 – 4500 €/m³
(bei 20 mm Stärke, je nach Format)

Kosten pro Wärmedurchlasswiderstand
ca. 12.50 – 22.50 €/(m²·K/W)

* Werte der Firma Porextherm Dämmstoffe GmbH

Kontaktinfos

Porextherm Dämmstoffe GmbH,
www.porextherm.com

ZZ Wancor, www.zzwancor.ch

VARIOTEC Sandwichelemente GmbH,
www.variotec.de

Zellulose

Für die Herstellung von Zellulosedämmung wird reines, sortiertes Zeitungspapier meist im Trockenverfahren zu Zellulosefasern verarbeitet. Die hinzugefügten Borate gewährleisten den notwendigen Brandschutz, stoppen den Alterungsprozess des Papiers und schützen die Dämmung vor Schimmel- und Schädlingsbefall. Der typische Einsatzbereich von Zellulosedämmung ist die Hohlraumfüllung mit Zellulosefasern. Das Einblasverfahren ermöglicht eine passgenaue, homogene Dämmschicht. Eine weitere Verarbeitungsmöglichkeit ist das Spray-Verfahren. Dabei wird dem Dämmstoff kurz vor Auftreffen auf die Wand Wasser zugesetzt, wodurch vor Ort eine plattenförmige, steife Dämmschicht entsteht. Es werden auch Zellulose-Dämmplatten hergestellt, die zwischen die Sparren oder Holzständer geklemmt, auf dem Boden ausgelegt oder als Aufdachdämmsystem eingesetzt werden.

Die vergleichsweise hohe Wärmespeicherkapazität von Zellulosedämmung wirkt sich positiv auf den sommerlichen Wärmeschutz aus. Ebenfalls vorteilhaft ist die Sorptionsfähigkeit der Zellulose, d. h. die Fähigkeit, Feuchtigkeit zu speichern und bei Bedarf wieder abzugeben. Als reines Recyclingmaterial hat Zellulose einen sehr geringen Primärenergieinhalt. Der Dämmstoff ist wiederverwertbar und deponierfähig.

Materialkennwerte für das Beispiel Zellulosefasern*

Wärmeleitfähigkeit λ
0.039 W/(m·K)**

Dämmstoffdicke, um einen U-Wert von 0.15 W/(m²·K) zu erreichen
250 – 270 mm
(je nach Konstruktionsart und Aufbau)

Rohdichte ρ
35 – 80 kg/m³

Spezifische Wärmekapazität
2150 J/(kg·K)

Wasserdampf-Diffusionswiderstandszahl μ
2.5

Brennbarkeitsklasse
B2 (normal entflammbar)***

Kosten
(Inkl. MwSt. und Montage, exkl. Unterkonstr.)
57 – 100 €/m³

Kosten pro Wärmedurchlasswiderstand
ca. 2.20 – 3.90 €/(m²·K/W)

* Werte der Firma Isofloc AG (Produktion in der Schweiz)
** Gemäss SIA 279 und ETA-0.5/0226
*** VKF 5(200°C).3 und DIN 4102-B2

Kontaktinfos

Isofloc AG, www.isofloc.ch
Dämmstatt GmbH, www.daemmstatt.de

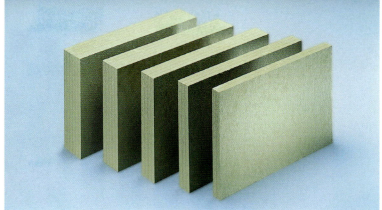

Holzfaserdämmplatten

Zur Herstellung von Holzfaserdämmplatten werden Sägewerksabfälle und Restholz zerfasert und im Nassverfahren zu Platten geformt. Bei der Produktion werden die holzeigenen Bindekräfte genutzt, indem das Holz durch thermomechanische Verfahren zu Fasern aufgeschlossen und anschliessend der Faserkuchen unter Hitze zum Abbinden gebracht wird. Es werden somit keine zusätzlichen chemischen Bindemittel benötigt. Zusatzstoffe können beigefügt werden, um die Wasseraufnahme der Dämmplatten zu reduzieren oder um sie schwer entflammbar zu machen. Die Platten werden bei Temperaturen zwischen 160 und 220 °C getrocknet.

Ein Vorteil von Holzfaserdämmplatten ist die vergleichsweise hohe Wärmespeicherkapazität. Dadurch wird der sommerliche Wärmeschutz insbesondere bei Platten mit höheren Rohdichten gegenüber einem leichten Dämmstoff etwas verbessert.

Mit dem nachwachsenden Rohstoff Holz stehen unbegrenzte Ressourcen bereit. Die Holzfaserdämmplatten lassen sich wieder verwenden, kompostieren oder thermisch für die Energiegewinnung verwerten.

Holzfasern gibt es auch als Einblasdämmstoff. Die Verarbeitung entspricht in diesem Fall derjenigen von Zellulosedämmung.

Materialkennwerte für das Beispiel Holzfaserdämmplatten*

Wärmeleitfähigkeit λ
0.038 – 0.050 W/(m·K)

Dämmstoffdicke, um einen U-Wert von 0.15 W/(m²·K) zu erreichen
ab 240 mm
(je nach Konstruktionsart und Aufbau)

Rohdichte ρ
140 kg/m³

Spezifische Wärmekapazität
2100 J/(kg·K)

Wasserdampf-Diffusionswiderstandszahl μ
5

Brennbarkeitsklasse
B2 (normal entflammbar)**

Kosten
(Inkl. MwSt., exkl. Montage, Unterkonstr.)
105 – 185 €/m³

Kosten pro Wärmedurchlasswiderstand
ca. 5.30 – 7.00 €/(m²·K/W)

---

* Werte von Fassaden-Dämmplatten der Firma Pavatex SA
** Euroklasse E (EN 13501-1)

Kontaktinfos

Pavatex SA, www.pavatex.ch
RÖFIX AG, Baustoffwerke, www.roefix.com
Sto AG, www.sto.de
Dämmstatt GmbH, www.daemmstatt.de

135

Kork

Die Korkeiche wächst fast ausschliesslich im westlichen Mittelmeerraum, hauptsächlich in Portugal. Kork ist die zweite Borke auf der eigentlichen Baumrinde, die den Baum vor Hitze, Waldbränden und Insekten schützt. Zur Gewinnung des Korks wird diese oberste Schicht der Korkeiche abgeschält. Die Schälung schadet dem Baum nicht und die Korkborke wächst in ca. neun Jahren wieder nach. Danach kann der Kork erneut geerntet werden.

Korkdämmung ist als Platte oder Granulat (Schrot) erhältlich und hat sich speziell als Aussenwand-Wärmedämmverbundsystem bewährt. Zur Herstellung von Korkdämmplatten wird das Granulat durch Erhitzen mit Wasserdampf (ca. 260 – 280 °C) expandiert. Das korkeigene Harz verbackt die Körnchen zu Blöcken, die zu Platten geschnitten werden. Natürliche Gas- und Wachseinlagerungen machen den Kork leicht, Wasser abweisend, isolierend und verrottungsfest. Kork ist diffusionsoffen, relativ unempfindlich gegen Feuchtigkeit, resistent gegen Schädlingsbefall, alterungsbeständig und weist gute Schallschutzeigenschaften auf. Da Korkdämmung keine Binde- oder Flammschutzmittel enthält und aus einem nachwachsenden Rohstoff besteht, ist sie ökologisch vorteilhaft. Die Transportwege des Rohmaterials sind zwar lang, jedoch stehen die Korkeichenwälder unter industriellem Schutz.

Materialkennwerte für das Beispiel Korkdämmplatten*

Wärmeleitfähigkeit λ
0.040 W/(m·K)

Dämmstoffdicke, um einen U-Wert von 0.15 W/(m²·K) zu erreichen
250 – 400 mm
(je nach Konstruktionsart und Aufbau)

Rohdichte ρ
ca. 120 kg/m³

Spezifische Wärmekapazität
1800 J/(kg·K)

Wasserdampf-Diffusionswiderstandszahl μ
10 – 18

Brennbarkeitsklasse
B2 (normal entflammbar)**

Kosten
(Inkl. MwSt., exkl. Montage, Unterkonstr.)
240 – 270 €/m³

Kosten pro Wärmedurchlasswiderstand
ca. 9.60 – 10.80 €/(m²·K/W)

---

* Werte der Firma RÖFIX AG
** Produktklassifizierung: E (EN 13501-1)
  Systemklassifizierung: B-s1, d0 (EN 13501-1)

Kontaktinfos

RÖFIX AG, Baustoffwerke,
www.roefix.com

Deutscher Kork-Verband e.V.,
www.kork.de

Schafwolle

Schafwolle eignet sich besonders für den Bereich Dach-, Decken- und Wanddämmung. Daneben wird Schafwolle auch als Trittschalldämmung sowie Stopfwolle angeboten.

Zur Herstellung des Dämmmaterials wird die geschorene Wolle gewaschen, entfettet und anschliessend neutralisiert. Mittels eines Staubreinigers wird die Wolle von letzten Schmutzpartikeln und organischen Fremdstoffen befreit, bevor in der Krempelanlage mehrere Schichten der Schafwolle kreuzweise übereinander gelegt werden. Das entstandene Vlies wird in der Vernadelmaschine mechanisch vernadelt, wodurch die erforderliche Dicke und Dichte erreicht wird. Danach wird der Dämmstoff geschnitten und aufgerollt.

Um Schafwolle vor Mottenbefall zu schützen, kommt Mottenschutzmittel (Mitin FF) zum Einsatz. Schafwolle wirkt feuchtigkeitsregulierend und aufgrund des hohen Stickstoffgehaltes flammhemmend. Die Entzündungstemperatur liegt bei 580 – 600 °C. Eine besondere Eigenschaft von Schafwolledämmung ist die Elastizität der Fasern, sowie die Eigenschaft, Schadstoffe, wie z. B. Formaldehyd, zu binden und teilweise langfristig abzubauen. Der jährlich nachwachsende Rohstoff Wolle hat einen ausgesprochen niedrigen Primärenergieverbrauch.

Materialkennwerte für das Beispiel Schafwolle-Dämmmatten*

Wärmeleitfähigkeit λ
0.040 W/(m·K)

Dämmstoffdicke, um einen U-Wert von 0.15 W/(m²·K) zu erreichen
ab 260 mm
(je nach Konstruktionsart und Aufbau)

Rohdichte ρ
18 – 100 kg/m³

Spezifische Wärmekapazität
1700 J/(kg·K)

Wasserdampf-Diffusionswiderstandszahl μ
1 – 5

Brennbarkeitsklasse
B2 (normal entflammbar)

Kosten
(Inkl. MwSt., exkl. Montage, Unterkonstr.)
ca. 133 €/m³

Kosten pro Wärmedurchlasswiderstand
ca. 5.30 €/(m²·K/W)

* Werte der Firma doschawolle® Fritz Doppelmayer GmbH

Kontaktinfos

Fritz Doppelmayer GmbH,
www.doschawolle.de

Daemwool Naturdämmstoffe GmbH,
www.daemwool.at

Naturwohl GmbH, www.daemwool.ch

Stroh

**Materialkennwerte
für das Beispiel Strohballen***

Wärmeleitfähigkeit λ
ca. 0.045 W/(m·K)

**Dämmstoffdicke, um einen U-Wert von
0.15 W/(m²·K) zu erreichen**
ab 290 mm
(je nach Konstruktionsart und Aufbau)

Rohdichte ρ
90 – 110 kg/m³

Wasserdampf-Diffusionswiderstandszahl μ
1 – 2

Brennbarkeitsklasse
B2 (normal entflammbar)

Kosten
(Inkl. MwSt., exkl. Montage, Unterkonstr.)
12 – 40 €/m³

Kosten pro Wärmedurchlasswiderstand
ca. 0.50 – 1.80 €/(m²·K/W)

* Werte des Strohballenherstellers Palia

Stroh ist ein landwirtschaftliches Nebenprodukt, das jährlich nachwächst. Mit der Strohballenpresse können kleine, mittlere und grosse Strohballen hergestellt werden, die im Strohballenbau zur Anwendung kommen. Je nach Konstruktionsart haben die Strohballen ausschliesslich dämmende oder zusätzlich tragende Funktion. Beim so genannten lasttragenden Strohballenbau bilden die mittleren bis grossen Strohballen die Tragstruktur der Wand. Bei der Ständerbauweise werden Strohballen als ausfachendes Dämmmaterial eingesetzt. Die Strohballen können auch als reine Aussendämmung, z. B. in Kombination mit einer Plattenkonstruktion, eingesetzt werden. Besonders rationell sind Fertighaussysteme, bei denen vorfabrizierte Strohballenwände auf die Baustelle gebracht werden.

Stroh ist gegen lang anhaltende Feuchtigkeit sehr empfindlich. Es ist daher auf eine dampfdiffusionsoffene Konstruktionsweise zu achten. Für Schädlinge, wie Insekten oder Mäuse, sind Strohballen uninteressant, solange sie trocken, dicht gepresst und frei von Restkörnern sind. Besonders erwähnenswert bei Strohballendämmung sind die positive Ökobilanz sowie der kostengünstige Preis des Rohmaterials.

Kontaktinfos

Johannes Jaschok, www.palia.at
Jürgen Novak, www.novak-stroh.com
Fachverband Strohballenbau Deutschland e.V.
www.fasba.de
ASBN, österreichisches Strohballen-Netzwerk
www.baubiologie.at

Flachs und Hanf

Flachs- und Hanfdämmstoffe sind als Matten, Filze, Platten, Schäben oder Stopfwolle auf dem Markt erhältlich. Bei der Verarbeitung wird das Rohmaterial in Fasern und Schäben getrennt. Die Fasern werden beim Durchlauf zwischen Nadelwalzen mechanisch verfilzt. Daraufhin werden die einzelnen Bahnen zu verschieden starken Dämmplatten geschichtet, durch einen Naturkleber (Kartoffelstärke) verbunden und in handliche Formate zugeschnitten. Die Schäben werden zu Schüttdämmstoffen oder festen Platten verarbeitet. Als Flammschutzmittel werden Borate, Ammoniumsulfate bzw. Ammoniumphosphate eingesetzt.

Die Matten und Platten können in Wand-, Dach- und Bodenkonstruktionen eingesetzt werden. Die Vliese und Schäben eignen sich besonders für den Fussbodenbereich, das Stopfmaterial für Fenster- und Türenabdichtungen.

Die Dämmstoffe aus Flachs oder Hanf sind diffusionsoffen, bieten einen guten Schallschutz, haben feuchtigkeitsregulierende Eigenschaften und sind von Natur aus resistent gegen Schädlingsbefall durch Insekten oder Nagetiere. Als nachwachsende, natürliche Rohstoffe sind Flachs und Hanf besonders umweltverträglich.

Materialkennwerte für das Beispiel Flachsdämmplatten*

Wärmeleitfähigkeit λ
0.040 W/(m·K)

Dämmstoffdicke, um einen U-Wert von 0.15 W/(m²·K) zu erreichen
280 – 350 mm
(je nach Konstruktionsart und Aufbau)

Rohdichte ρ
30 kg/m³

Spezifische Wärmekapazität
1600 J/(kg·K)

Wasserdampf-Diffusionswiderstandszahl µ
1 – 2

Brennbarkeitsklasse
B2 (normal entflammbar)

Kosten
(Inkl. MwSt., exkl. Montage, Unterkonstr.)
144 €/m³

Kosten pro Wärmedurchlasswiderstand
ca. 5.80 €/(m²·K/W)

* Werte der Firma Waldviertler Flachshaus GmbH

Kontaktinfos

Waldviertler Flachshaus GmbH,
www.flachshaus.de

Anhang

Grauenergie

Die in diesem Buch vorgestellten, innovativen Wandkonstruktionen leisten einen wesentlichen Beitrag, um den Heizenergiebedarf eines Gebäudes bedeutend zu senken. Bei der ganzheitlichen, ökologischen Betrachtung eines Gebäudes spielt neben der Betriebsenergie aber auch die Grauenergie eine bedeutende Rolle. Hierbei wird der Energieaufwand für die Gewinnung des Rohmaterials, die Produktion und den Transport eines Produktes berücksichtigt.

Mithilfe der BauBioDataBank wurden alle Konstruktionen bezüglich ihrer Umwelteinwirkung sowie Primärenergieinhalt für die Herstellung und Erneuerung untersucht.

BauBioDataBank

Die von der gibbeco entwickelte BauBioDataBank (BBDB) dient als Nachschlagewerk und umfassendes Instrument zur baubiologischen und bauökologischen Beurteilung von Baumaterialien, Konstruktionen und Gebäuden nach SIA D 0123. Der gesamte Material- und Lebenszyklus kann bis zu den chemischen Zusammensetzungen nachvollzogen werden. Zusätzlich stehen Werte wie die effektive Masse der Konstruktion, der U-Wert, die Wärmespeicherfähigkeit sowie eine Kostenberechnung als Resultate zur Verfügung. Die viersprachig (D, E, F, I) konzipierte BauBioDataBank ist in verschiedene Datenbank-Dateien aufgeteilt, die untereinander verknüpft sind und so einen schnellen Zugriff erlauben.

Zur Beurteilung der ausgewählten Wandkonstruktionen wird der Wandaufbau inklusive Schichtstärke und Rohdichte der einzelnen Materialien in die Konstruktionsmaske eingegeben. Über die Verknüpfung mit der Materialdatenbank können die einzelnen Baustoffdaten weiter präzisiert werden. Die BauEcoIndex-Berechnung gibt Auskunft über die Umweltwirkung bei der Herstellung und Erneuerung in der Einheit gCO_2eq/m^2a und gSO_2eq/m^2a. Weiter wird der Primärenergie-Inhalt PEI für die Herstellung und Erneuerung der Konstruktion in MJ/m^2a berechnet. Dabei wird zwischen erneuerbarer und nicht erneuerbarer Primärenergie unterschieden.

Nebenstehend zeigen drei ausgewählte Datenblätter aus der BauBioDataBank die Auswertung für die hinterlüftete Konstruktion des Holzmodul-Stecksystems als Beispiel.

KONSTRUKTION U-Wert BERECHNUNG

KNr E4.Holzmodul-Stecksystem (hin TD

E4.Holzmodul-Stecksystem (hinterlüftet 1Konstr_Nr E4 Aussenwände über Terrain — Aussenschalung, Steinwolle, Holzmodulsystem, Gipskartonplatte

4 Fol. a-z Auss. Innen	Material-Eingaben für U-Wert Berechnung 147_1 Produkt_MatNr	147_8 Materialname	147_2 Mass d cm	P_5 Roh-dichte kg/m3	P_20 Wärme-leitung W/m2K	147_3 Wärme leit-wert R	P_22 Diffus. Wider. zahl μ	147_5 Diffus. wider. $\mu \times d = m$	147_12 Wärme-speicher kJ/m2/K	P_215 Wärme-kapaz c kJ/kgK
aa	0.001	Wärmeübergang AUSSEN			20.000	0.050		0.00	0.0	
a	5.02.2	Holzschalung CO2n	2.0	450	0.100	0.200	8	0.16	18.9	2.1
b	5.02	Holzlatten	3.0	450	0.13	0.230	8	0.24	28.3	2.1
c	12.225.04	Steinwolleplatten	14.0	80	0.040	3.500	1	0.14	8.9	0.8
d	8.04.22	Luftdichtung/PP Folie dampfdurchlässig	0.02	1000	0.190	0.001	5	0.00	0.2	1.4
e	5.031	Brettschichtholz CO2n	2.0	450	0.13	0.153	30	0.60	18.9	2.1
f	9.08	Celluloseflocken	12.0	40	0.045	2.666	2	0.24	9.1	1.9
g	5.031	Brettschichtholz CO2n	2.0	450	0.13	0.153	30	0.60	18.9	2.1
h	1.13.150.1	Gipskartonplatten CO2n 15mm einlagig	1.5	900	0.21	0.071	8	0.12	11.3	0.84
zz	0.002	Wärmeübergang INNEN			8.000	0.125		0.00	0.0	

Cellulose Durchschnittdicke in Holzelementen

TOTAL R-Wert **7.152** | sD m **2.10** | **114.7** kJ/m2K Wärmespeicherung

U-Wert W/m2K **0.139**

KONSTRUKTION PREISBERECHNUNG Schweiz CHF

KNr E4.Holzmodul-Stecksystem (hinterlüftet) RP

E4.Holzmodul-Stecksystem (hinterlüftet 1Konstr_Nr E4 Aussenwände über Terrain — Aussenschalung, Steinwolle, Holzmodulsystem, Gipskartonplatte

8 Folge a-z	Preisberechnung CHF 138_1 Produkt_Material_Nr	138_9 Materialname	11 d cm	209 Mass	RICHTPREISE Schweiz CHF Richtpreise MAT+ARBEIT	2 Mass	3 Menge	4 Preis CHF	6Betrag/ Element	5 Element-fläche m2	7 Betrag pro m2	13 Bemerkungen
a	5.02.2	Holzschalung CO2n	2.0	m2	30.00	m2	1.00	45.00	45.00		0.00	
b	5.02	Holzlatten	3.0	m2	15.60	m2	1.00	15.60	15.60		0.00	
c	12.225.04	Steinwolleplatten	14.0	m2	0.00	m2	1.00	50.00	50.00		0.00	
d	8.04.22	Luftdichtung/PP Folie dampfdurchlässig	0.02	m2	3.40	m2	1.00	3.40	3.40		0.00	
e	5.031	Brettschichtholz CO2n	2.0	m3	1'870.00	m3	0.05	1'870.00	93.50		0.00	Steko-System
f	9.08	Celluloseflocken	12.0	m3	200.00	m3	0.12	200.00	24.00		0.00	
g	5.031	Brettschichtholz CO2n	2.0	m3	1'870.00	m3	0.05	1'870.00	93.50		0.00	Steko-System
h	1.13.150.1	Gipskartonplatten CO2n 15mm einlagig	1.5	m2	23.00	m2	1.00	23.00	23.00		0.00	

TOTAL pro Element / TOTAL pro m2 **348.00** | **0.00** pro m2

Währung CHF

KONSTRUKTION BauEcoIndex BERECHNUNG Strommix Schweiz CH

KNr E4.Holzmodul-Stecksystem (hinte BEI CH

E4.Holzmodul-Stecksystem (hinterlüftet 1Konstr_Nr E4 Aussenwände über Terrain — Aussenschalung, Steinwolle, Holzmodulsystem, Gipskartonplatte

17 Folge a-z	BauEcoIndex CH Alle Daten mit Strommix Schweiz CH 148_1 Produkt / MaterialNr	148_2 Materialname	Baustoffdaten 148_3 Dicke cm	148_14 Rohdich. kg/m3	148_4 Effekt. Masse kg/m2	Umweltlasten Herstellung pro kg 148_5 CO2eq gCO2/kg	148_6 SO2 eq gSO2/kg	148_9 Nutz-zeit nach AfB Jahre	Umweltwirkung Herstellung und Erneuerung /m2 148_10 gCO2eq/ m2a	148_11 gSO2eq/ m2a	Primärenergie-Inhalt PEI Herstellung pro kg 148_7 nicht emeuerbar MJ/kg	148_8 emeuer-bar MJ/kg	148_12 nicht emeuerb. MJ/m2a	148_13 emeuer-bar MJ/m2a	HINWEISE oder Kommentar zu Anwendung, Entsorgung usw. 148_30 Hinweise
a	5.02.2	Holzschalung CO2n	2.0	450	10.0	274	1.55	3 5	78	0.44	2.9	25	0.82	7.14	Schnittholz Lärche
b	5.02	Holzlatten	3.0	450	2.00	274	1.55	3 5	15	0.08	2.9	25	0.16	1.42	Hinterlüftung
c	12.225.04	Steinwolleplatten	14.0	80	8.40	1042	4.22	8 0	109	0.44	15.9	0.8	1.66	0.08	Flumroc Typ 3
d	8.04.22	Luftdichtung/PP Folie dampfdurchläs	0.02	1000	0.20	2727	21.59	8 0	6	0.05	106.5	5.3	0.26	0.01	
e	5.031	Brettschichtholz CO2n	2.0	450	0.27	564	3.21	8 0	1	0.01	8.6	38.5	0.02	0.12	Leim Purbond HB 110, 265 g/m2
f	9.08	Celluloseflocken	12.0	40	5.20	112	1.4	8 0	7	0.09	2.8	0.9	0.18	0.05	
g	5.031	Brettschichtholz CO2n	2.0	450	40.00	564	3.21	8 0	282	1.60	8.6	38.5	4.30	19.25	Steko-System, Produktion Slowakei+Rumänien
h	1.13.150.1	Gipskartonplatten CO2n 15mm einlag	1.5	900	15.00	353	1.95	4 0	132	0.73	4.7	2.0	1.76	0.75	

TOTAL **36.5** cm | **81** kg/m2 | K_82 **630** **3.44** K_83 | K_84 **9.16** **28.82** K_85

141EDat 15.03.06 142RDat 30.04.06 146Bearb bobü ☒ 5BauEcoIndex ja/nein — gCO2eq/m2a gSO2eq/m2a MJ/m2a MJ/m2a

Datenquelle BauOekoIndex: >D [SIA D 0123 95] Berechnungen/Skizzen: >D [GIBB Büeler B 97]

Datenblätter aus der BauBioDataBank. U-Wert-, Preis-, und BauEcoIndex-Berechnung des hinterlüfteten Holzmodul-Stecksystems.

Kontaktinfos

BauBioDataBank: gibbeco, Genossenschaft Information Baubiologie, www.gibbeco.org

Weitere Ökoinventare und Werkzeuge zur Berechnung der Ökoblianz:

ecoinvent: ETH Zürich und Schweizer Bundesämter, www.ecoinvent.ch

GEMIS: Globales Emissions-Modell integrierter Systeme, Ökoinst. Darmstadt, www.gemis.org

Eco-indicator 99: PRé Product ecology consultants, www.pre.nl

Bildnachweis

Einleitung

Fotos
S. 11: Atelier Werner Schmidt
S. 12 (links): FormaTeam AG
S. 12 (rechts): Isorast GmbH
S. 13: David Muspach

Holzmodul-Stecksystem

Fotos
S. 23: Architekturbüro Botta
S. 25: Architekturbüro S. Imbimbo
S. 26, 27: AP Merz + Co.
Übrige: Steko Holz-Bausysteme AG

Zeichnungen
S. 27 (rechts): AP Merz + Co.
Übrige: Steko Holz-Bausysteme AG

Raumfachwerk

Fotos
S. 38: AEU GmbH
Übrige: David Muspach

Zeichnungen
David Muspach

Strohballen

Fotos
S. 42, 53: AEU GmbH
S. 43, 44 (rechts), 47, 50, 51: Atelier W. Schmidt
S. 44 (links), 45, 48, 49: Dirk Scharmer
S. 46, 52: GrAT

Zeichnungen
S. 44 (links), 46: GrAT
S. 44 (rechts), 45, 53: Architekten Scheicher
S. 51: Atelier Werner Schmidt

Solarpufferwand

Fotos
S. 58, 60, 61: AEU GmbH
Übrige: Passaparola Studios

Zeichnungen, Grafiken
Fent Solare Architektur

Massivholz

Alle Abbildungen
FormaTeam AG

Hartschaumschalung

Fotos
S. 81, S. 84 (unten, rechts): Ing.-Büro W. Weller
S. 87: AEU GmbH
Übrige: Isorast GmbH

Zeichnungen, Grafiken
S. 82, S. 85: Isorast GmbH
Übrige: Ingenieurbüro W. Weller

Blähtonstein

Fotos
S. 100, 101: MAWO Bau- und Handels GmbH
Übrige: Liaplan GmbH

Zeichnungen, Grafiken
MAWO Bau- und Handels GmbH

VIP Modulbauteile

Fotos
S. 113: AEU GmbH
Übrige: Variotec Sandwichelemente GmbH

Zeichnungen
Variotec Sandwichelemente GmbH

Massivspeicherwand mit TWD

Fotos
S. 116, 117, 122, 123 (rechts): Ernst Schweizer AG
S. 118, 123 (links): Fachverband TWD e.V.
S. 122, 123: Dietrich Schwarz, GlassX AG
S. 124, 125: Architekturbüro Peter Dransfeld

Zeichnungen, Grafiken
S. 123 (oben): AEU GmbH
Übrige: Architekturbüro Peter Dransfeld

Dämmmaterialien

Fotos
S. 128: EgoKiefer AG
S. 129: AEU GmbH
S. 130: Saint-Gobain Isover G+H AG
S. 131 (links): Flumroc AG
S. 131 (rechts): SAGER AG
S. 132 (links): Sto AG
S. 132 (rechts): BASF
S. 133: Porextherm Dämmstoffe GmbH
S. 134: isofloc AG
S. 135 (links): Pavatex SA
S. 135 (rechts): Sto AG
S. 136: AEU GmbH
S. 137: Fritz Doppelmayer GmbH
S. 138: GrAT
S. 139: Waldviertler Flachshaus

Zeichnungen, Grafiken
S. 130: Flumroc AG

Grauenergie

Fotos
S. 142: AEU GmbH

Tabellen
S. 143: gibbeco

Adressverzeichnis

Bei der Realisierung dieses Fachbuches sind wir von nachfolgenden Firmen unterstützt worden. Für Ihr Engagement danken wir Ihnen herzlich!

AP Merz + Co
Architektur und Planung
Välsli 21
CH-9475 Sevelen
Tel. +41 81 740 13 20
Fax +41 81 740 13 21
info@apmerz.ch
www.apmerz.ch

Architekten Scheicher ZT
GmbH
Adnet 241
A-5421 Adnet
Tel. +43 1 6245 83521 0
Fax +43 1 6245 83521 21
architekten@scheicher.at
www.scheicher.at

Architekturbüro
Peter Dransfeld
Poststrasse 9a
Postfach
CH-8272 Ermatingen
Tel. +41 71 664 26 34
Fax +41 71 664 26 35
dransfeld@dransfeld.ch
www.dransfeld.ch

Atelier Werner Schmidt
Fabrikareal 117
CH-7166 Trun
Tel. +41 81 943 25 28
Fax +41 81 943 26 39
atelier_schmidt@bluewin.ch
www.atelierwernerschmidt.ch

BASF Aktiengesellschaft
Styrenic Polymers Europe
KSE/F, D 219
D-67056 Ludwigshafen
Fax +49 621 60 93808
neopor@basf.com
www.neopor.de

Caparol Farben AG
Brunnenstrasse 3
CH-8604 Volketswil
Tel. +41 43 399 42 22
Fax +41 43 399 42 23
Info@caparol.ch
www.caparol.ch

Daemmwool Naturdämm-
stoffe GmbH & CoKG
Unterwaldschlag 37
A-4183 Traberg
Tel. +43 7218 8007
Fax +43 7218 8007 30
daemwool@aon.at
www.daemwool.at

Dämmstatt W.E.R.F. GmbH
Markgrafendamm 16
D-10245 Berlin
Tel. +49 30 293 94 0
Fax +49 30 293 94 104
infor@daemmstatt.de
www.daemmstatt.de

David Muspach
Architekt HTL
Bürenweg 28
CH-4146 Hochwald
Tel. +41 61 751 23 22
david.muspach@bluewin.ch
www.spacehouse.com

DI Jürgen Novak
Jetzing 3
A-3042 Würmla
Tel. +43 664 1539662
office@novak-stroh.com
www.novak-stroh.com

doschawolle®
Fritz Doppelmayer GmbH
Am Petzenbühl 3
D-87439 Kempten,
Tel. +49 831 5 92 19 0
Fax +49 831 5 92 19 29
info@doschawolle.de
www.doschawolle.de

EgoKiefer AG
Fenster und Türen
Schöntalstrasse 2
Postfach 162
CH-9450 Altstätten SG
Tel. +41 71 757 33 33
Fax +41 71 757 35 50
zentrale@egokiefer.ch
www.egokiefer.ch

Ernst Schweizer AG
Metallbau
CH-8908 Hedingen
Tel. +41 44 763 61 11
Fax +41 44 763 61 19
info@schweizer-metallbau.ch
www.schweizer-metalbau.ch

Fachverband Strohballenbau
Deutschland e.V.
Dirk Scharmer
Auf der Rübekuhle 10
D-21335 Lüneburg
Tel. +49 4131 72 78 04
Fax +49 4131 72 78 05
ds@fasba.de
www.fasba.de
info@wand4.de
www.wand4.de

Fachverband Transparente Wärmedämmung e.V.
Dr. Werner Platzer
Ginsterweg 9
D-79194 Gundelfingen
Tel. +49 761 58 14 41
Fax +49 761 58 14 42
platzer@umwelt-wand.de
www.umwelt-wand.de

Flumroc AG
CH-8890 Flums
Tel. +41 81 734 11 11
Fax +41 81 734 12 13
info@flumroc.ch
www.flumroc.ch

FormaTeam AG
Soorpark
CH-9606 Bütschwil
Tel. +41 71 982 82 72
Fax +41 71 982 82 33
info@formateam.ch
www.formateam.ch

gibbeco
St. Gallerstrasse 28
CH-9230 Flawil
Tel. +41 71 393 22 52
Fax +41 71 393 22 56
info@gibbeco.org
www.gibbeco.org

GrAT Gruppe Angepasste Technologie
Technische Universität Wien
Wiedner Hauptstr. 8-10
A-1040 Wien
Tel. +43 1 58801 49523
Fax +43 1 58801 49533
contact@grat.at
www.grat.at

HIAG Handel AG
Industriestrasse 38
CH-5314 Kleindöttingen
Tel. +41 56 268 81 11
Fax +41 56 268 81 10
verwaltung@hiag.ch
www.hiag.ch

isofloc AG
Soorpark
CH-9606 Bütschwil
Tel. +41 71 313 91 00
info@isofloc.ch
www.isofloc.ch

Isorast GmbH
Postfach 11 64
D-65219 Taunusstein
Tel. +49 6128 95 26 0
Fax +49 6128 73 823
isorast@t-online.de
www.isorast.de

Josef Kolb AG
Ingenieur- und Beratungs-
büro für Holzbau
Zentrumsplatz 2
CH-8592 Uttwil
Tel. +41 71 466 72 26
Fax +41 71 466 72 28
josef.kolb@holz-ing.ch
www.holz-ing.ch

Lakonita
Edwin Wirz
Lerchenstrasse 2
CH-4628 Wolfwil/Solothurn
Tel. +41 62 926 47 77
Fax +41 62 926 47 78
info@lakonita.ch
www.lakonita.ch

LIAPLAN GmbH
Industriestraße 1
D-79206 Breisach
Tel. +49 7668 7109 541
Fax +49 7668 7109 14400
info@liaplan.de
www.liaplan.de

Lucido Solar AG
Rudenzburg
CH-9500 Wil
Tel. +41 71 913 30 55
Fax +41 71 913 30 54
info@lucido-solar.com
www.lucido.ch

MAWO Bau- und Handels GmbH
Speichermatt
D-79599 Wittlingen
Tel. +49 76 21 1 48 49
Fax +49 76 21 1 46 27
info@mawo.de
www.mawo.de

Naturwohl GmbH
Plötsch/Hirschmatt
CH-3158 Guggisberg
Tel. +41 31 735 55 74
Fax +41 31 735 58 11
info@daemwool.ch
www.daemwool.ch

Palia
Wörthgasse 26/2/12
A-2500 Baden
Tel. +43 650 2 04 85 19
johannes.jaschok@palia.at
www.palia.at

Pavatex SA
Rte de la Pisciculture 37
CH-1701 Fribourg
Tel. +41 26 426 31 11
Fax +41 26 426 32 09
info@pavatex.ch
www.pavatex.ch

Porextherm Dämmstoffe GmbH
Heisinger Strasse 8
D-87437 Kempten
Tel. + 49 831 57 53 60
Fax + 49 831 57 53 63
info@porextherm.com
www.porextherm.com

RÖFIX AG
Badstrasse 23
A-6832 Röthis
Tel. +43 5522 41646 0
Fax +43 5522 41646 106
marketing@roefix.com
www.roefix.com

SAGER AG
Leutwilerstrasse 281
CH-5724 Dürrenäsch
Tel. +41 62 767 87 87
Fax +41 62 767 87 80
verkauf@sager.ch
www.sager.ch

Saint-Gobain Isover G+H AG
Bürgermeister-Grünzweig-
Strasse 1
D-67059 Ludwigshafen
Tel. 0800 501 5 501
Fax 0800 501 6 501
dialog@isover.de
www.isover.de

Sto AG
Ehrenbachstrasse 1
D-79780 Stühlingen
Tel. +49 77 44 57 10 20
Fax +49 77 44 57 20 20
infoservice@stoeu.com
www.sto.de

**VARIOTEC Sandwichelemente
GmbH & Co. KG**
Weissmarterstrasse 3
D-92318 Neumarkt/Ober-
pfalz
Tel. +49 91 81 69 46 0
Fax +49 91 81 88 25
vip@variotec.de
www.variotec.de

**Waldviertler Flachshaus
GmbH**
Oberwaltenreith 10
A-3533 Friedersbach
Tel. +43 2826 88139 0
Fax +43 2826 88139 50
flachshaus@waldland.at
www.waldland.at

**Wolfgang Weller
Planen & Bauen**
Langeller 2
D-97769 Bad Brückenau
Tel. +49 9741 6341
Fax +49 9741 6342
wolfgang.weller@t-online.de
www.ibw-bauplan.de

ZZ Wancor
Althardstrasse 5
CH-8105 Regensdorf
Tel. +41 1 871 32 32
Fax +41 1 871 32 90
info@zzwancor.ch
www.zzwancor.ch

Die Autoren

Daniela Enz (1977)
Dipl. Architektin ETH

Seit 2003 ist Daniela Enz bei der Architektur, Energie & Umwelt AEU GmbH tätig. Ihr Hauptaufgabenbereich liegt bei der Erforschung und Kommunikation von Architekturthemen im Bereich höchster Energieeffizienz. Neben Büchern und Fachbroschüren verfasst sie regelmässig Artikel für die Fachpresse. Seit 2005 ist Daniela Enz Mitglied mit Berufsregistereintrag beim Verband Schweizer Fachjournalisten SFJ.
Ihr Studium an der Eidgenössischen Technischen Hochschule ETH Zürich wurde durch Auslandsaufenthalte ergänzt: ein sechsmonatiges Praktikum im Atelier Yves Lion, Architektur- und Stadtplanung in Paris, sowie ein Austauschsemester an der Harvard University (GSD Graduate School of Design) in Boston, USA.

Robert Hastings (1945)
Dipl. Architekt SIA

Robert Hastings ist seit 2000 Geschäftsführer der AEU GmbH mit Schwerpunkten in der Energieberatung für Architekten und Bauherrschaften, Forschung und Lehre sowie der Leitung von Programmen der Internationalen Energieagentur IEA. Er ist Gastprofessor an der Donau-Universität in Krems und übernimmt beratende Funktion bei diversen Ministerien und Instituten in der Schweiz, Österreich und Deutschland.
Sein Architekturstudium hat Robert Hastings an der Cornell Universität in den USA absolviert und begann seine Karriere im Büro von Buckminster Fuller in Cambridge, Mass., USA. In den folgenden acht Jahren war er als Bauforscher im National Center for Building Technology tätig. Ab 1980 arbeitete er für zehn Jahre in der Abteilung Bauphysik der Eidgenössischen Material Prüfungs- und Forschungsanstalt EMPA in der Schweiz und anschliessend zehn Jahre als Leiter der Forschungsstelle Solararchitektur an der ETH Zürich.

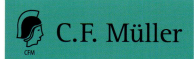

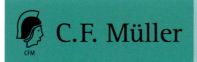